绿色发展通识丛书
GENERAL BOOKS OF GREEN DEVELOPMENT

气候在变化，那么社会呢

［法］弗洛伦斯·鲁道夫／著
顾元芬／译

中国文联出版社
http://www.clapnet.cn

图书在版编目（CIP）数据

气候在变化，那么社会呢 / (法) 弗洛伦斯·鲁道夫
著；顾元芬译. -- 北京：中国文联出版社, 2020.11
（绿色发展通识丛书）
ISBN 978-7-5190-4415-2

Ⅰ. ①气⋯ Ⅱ. ①弗⋯ ②顾⋯ Ⅲ. ①气候变化－关
系－社会发展－研究 Ⅳ. ①P467②K02

中国版本图书馆CIP数据核字(2020)第236193号

著作权合同登记号：图01-2018-0585
Originally published in France as : Le climat change... et la société ? by Florence Rudolf
© Editions la ville brûlé, 2009
Current Chinese language translation rights arranged through Divas International, Paris / 巴黎迪法国际版权代理

气候在变化，那么社会呢
QIHOU ZAI BIANHUA,NAME SHEHUI NE

作　者：[法] 弗洛伦斯·鲁道夫		
译　者：顾元芬		
	终审人：朱彦玲	
责任编辑：胡　笋	复审人：闫　翔	
责任译校：黄黎娜	责任校对：胡世勋	
封面设计：谭　锴	责任印制：陈　晨	

出版发行：中国文联出版社
地　　址：北京市朝阳区农展馆南里10号，100125
电　　话：010-85923076（咨询）85923000（编务）85923020（邮购）
传　　真：010-85923000（总编室），010-85923020（发行部）
网　　址：http://www.clapnet.cn　　　　http://www.claplus.cn
E - m a i l：clap@clapnet.cn　　　　　hus@clapnet.cn

印　　刷：中煤（北京）印务有限公司
装　　订：中煤（北京）印务有限公司
本书如有破损、缺页、装订错误，请与本社联系调换

开　　本：720×1010　　　　　　　　　　1/16
字　　数：40千字　　　　　　　　　　　印　张：8
版　　次：2020年11月第1版　　　　　　印　次：2020年11月第1次印刷
书　　号：ISBN 978-7-5190-4415-2
定　　价：38.00元

"绿色发展通识丛书"总序一

洛朗·法比尤斯

1862 年，维克多·雨果写道："如果自然是天意，那么社会则是人为。"这不仅仅是一句简单的箴言，更是一声有力的号召，警醒所有政治家和公民，面对地球家园和子孙后代，他们能享有的权利，以及必须履行的义务。自然提供物质财富，社会则提供社会、道德和经济财富。前者应由后者来捍卫。

我有幸担任巴黎气候大会（COP21）的主席。大会于 2015 年 12 月落幕，并达成了一项协定，而中国的批准使这项协议变得更加有力。我们应为此祝贺，并心怀希望，因为地球的未来很大程度上受到中国的影响。对环境的关心跨越了各个学科，关乎生活的各个领域，并超越了差异。这是一种价值观，更是一种意识，需要将之唤醒、进行培养并加以维系。

四十年来（或者说第一次石油危机以来），法国出现、形成并发展了自己的环境思想。今天，公民的生态意识越来越强。众多环境组织和优秀作品推动了改变的进程，并促使创新的公共政策得到落实。法国愿成为环保之路的先行者。

2016 年"中法环境月"之际，法国驻华大使馆采取了一系列措施，推动环境类书籍的出版。使馆为年轻译者组织环境主题翻译培训之后，又制作了一本书目手册，收录了法国思想界最具代表性的 33 本书籍，以供译成中文。

中国立即做出了响应。得益于中国文联出版社的积极参与，"绿色发展通识丛书"将在中国出版。丛书汇集了 33 本非虚构类作品，代表了法国对生态和环境的分析和思考。

让我们翻译、阅读并倾听这些记者、科学家、学者、政治家、哲学家和相关专家：因为他们有话要说。正因如此，我要感谢中国文联出版社，使他们的声音得以在中国传播。

中法两国受到同样信念的鼓舞，将为我们的未来尽一切努力。我衷心呼吁，继续深化这一合作，保卫我们共同的家园。

如果你心怀他人，那么这一信念将不可撼动。地球是一份馈赠和宝藏，她从不理应属于我们，她需要我们去珍惜、去与远友近邻分享、去向子孙后代传承。

2017 年 7 月 5 日

（作者为法国著名政治家，现任法国宪法委员会主席、原巴黎气候变化大会主席，曾任法国政府总理、法国国民议会议长、法国社会党第一书记、法国经济财政和工业部部长、法国外交部部长）

"绿色发展通识丛书"总序二

万钢

习近平总书记在中共十九大上明确提出,建设生态文明是中华民族永续发展的千年大计。必须树立和践行绿水青山就是金山银山的理念坚持节约资源和保护环境的基本国策,像对待生命一样对待生态环境。我们要建设的现代化是人与自然和谐共生的现代化,既要创造更多物质财富和精神财富以满足人民日益增长的美好生活需要,也要提供更多优质生态产品以满足人民日益增长的优美生态环境需要。近年来,我国生态文明建设成效显著,绿色发展理念在神州大地不断深入人心,建设美丽中国已经成为13亿中国人的热切期盼和共同行动。

创新是引领发展的第一动力,科技创新为生态文明和美丽中国建设提供了重要支撑。多年来,经过科技界和广大科技工作者的不懈努力,我国资源环境领域的科技创新取得了长足进步,以科技手段为解决国家发展面临的瓶颈制约和人民群众关切的实际问题作出了重要贡献。太阳能光伏、风电、新能源汽车等产业的技术和规模位居世界前列,大气、水、土壤污染的治理能力和水平也有了明显提高。生态环保领域科学普及的深度和广度不断拓展,有力推动了全社会加快形成绿色、可持续的生产方式和消费模式。

推动绿色发展是构建人类命运共同体的重要内容。近年来，中国积极引导应对气候变化国际合作，得到了国际社会的广泛认同，成为全球生态文明建设的重要参与者、贡献者和引领者。这套"绿色发展通识丛书"的出版，得益于中法两国相关部门的大力支持和推动。第一辑出版的33种图书，包括法国科学家、政治家、哲学家关于生态环境的思考。后续还将陆续出版由中国的专家学者编写的生态环保、可持续发展等方面图书。特别要出版一批面向中国青少年的绘本类生态环保图书，把绿色发展的理念深深植根于广大青少年的教育之中，让"人与自然和谐共生"成为中华民族思想文化传承的重要内容。

　　科学技术的发展深刻地改变了人类对自然的认识，即使在科技创新迅猛发展的今天，我们仍然要思考和回答历史上先贤们曾经提出的人与自然关系问题。正在孕育兴起的新一轮科技革命和产业变革将为认识人类自身和探求自然奥秘提供新的手段和工具，如何更好地让人与自然和谐共生，我们将依靠科学技术的力量去寻找更多新的答案。

2017 年 10 月 25 日

　　（作者为十二届全国政协副主席，致公党中央主席，科学技术部部长，中国科学技术协会主席）

"绿色发展通识丛书"总序三

铁凝

  这套由中国文联出版社策划的"绿色发展通识丛书",从法国数十家出版机构引进版权并翻译成中文出版,内容包括记者、科学家、学者、政治家、哲学家和各领域的专家关于生态环境的独到思考。丛书内涵丰富亦有规模,是文联出版人践行社会责任,倡导绿色发展,推介国际环境治理先进经验,提升国人环保意识的一次有益实践。首批出版的33种图书得到了法国驻华大使馆、中国文学艺术基金会和社会各界的支持。诸位译者在共同理念的感召下辛勤工作,使中译本得以顺利面世。

  中华民族"天人合一"的传统理念、人与自然和谐相处的当代追求,是我们尊重自然、顺应自然、保护自然的思想基础。在今天,"绿色发展"已经成为中国国家战略的"五大发展理念"之一。中国国家主席习近平关于"绿水青山就是金山银山"等一系列论述,关于人与自然构成"生命共同体"的思想,深刻阐释了建设生态文明是关系人民福祉、关系民族未来、造福子孙后代的大计。"绿色发展通识丛书"既表达了作者们对生态环境的分析和思考,也呼应了"绿水青山就是金山银山"的绿色发展理念。我相信,这一系列图书的出版对呼唤全民生态文明意识,推动绿色发展方式和生活方式具有十分积极的意义。

20世纪美国自然文学作家亨利·贝斯顿曾说："支撑人类生活的那些诸如尊严、美丽及诗意的古老价值就是出自大自然的灵感。它们产生于自然世界的神秘与美丽。"长期以来，为了让天更蓝、山更绿、水更清、环境更优美，为了自然和人类这互为依存的生命共同体更加健康、更加富有尊严，中国一大批文艺家发挥社会公众人物的影响力、感召力，积极投身生态文明公益事业，以自身行动引领公众善待大自然和珍爱环境的生活方式。藉此"绿色发展通识丛书"出版之际，期待我们的作家、艺术家进一步积极投身多种形式的生态文明公益活动，自觉推动全社会形成绿色发展方式和生活方式，推动"绿色发展"理念成为"地球村"的共同实践，为保护我们共同的家园做出贡献。

中华文化源远流长，世界文明同理连枝，文明因交流而多彩，文明因互鉴而丰富。在"绿色发展通识丛书"出版之际，更希望文联出版人进一步参与中法文化交流和国际文化交流与传播，扩展出版人的视野，围绕破解包括气候变化在内的人类共同难题，把中华文化中具有当代价值和世界意义的思想资源发掘出来，传播出去，为构建人类文明共同体、推进人类文明的发展进步做出应有的贡献。

珍重地球家园，机智而有效地扼制环境危机的脚步，是人类社会的共同事业。如果地球家园真正的美来自一种持续感，一种深层的生态感，一个自然有序的世界，一种整体共生的优雅，就让我们以此共勉。

2017 年 8 月 24 日

（作者为中国文学艺术界联合会主席、中国作家协会主席）

目录

第1章
社会问题，全球性风险

一个主要社会问题的浮现

自 20 世纪 60 年代以来，气候变化逐渐成为"环境危机"的组成部分。但是，物种变化和人类发展给世界造成的变化可不是从 60 年代才开始。

在不同的技术革命推动下，世界经历了许多重要变化，在此过程中，人类从游牧定居时代，再到农业社会（公元前 8000 年开始），最终进入工业化时代（18 世纪开始）。

进步的缘起

进步是否是大自然演变的结果？发展是否将无法挽回地导致世界的人造化？换句话说，发展是否必然引起生态系统的变化？关于这些问题的争论一直在进行着……

电影《2001 太空漫游》的开始部分象征了进步的起源，即发展是人类这一物种固有的属性。在这部电影中，可以看到我们所谓的祖先"巨猴"，发现某种工具，这种工具可以原地变成卫星遨游太空。影片接近结束的时候同样涉及了这种变化，讲述人类在运用智慧摆脱困境时被迫要付出的牺牲。因此，世界的人造化不仅是不可抗拒的，就其自身而言，也许并不是糟糕的事情，因为它是大自然的组成部分。

在某种程度上，这种推理似乎站得住脚。它促使人们思考，为生态和其他伴随发展产生的各种危机而担心。

无论世界人造化的起源怎样，各种形式的人造化还不足以让我们走入绝境。根据各国人民的积极性和意识程度，在尊重我们的星球和生物物种的前提下，它们可以，或者说可能可以，沿着不同的道路发展。

危急之处

在目前的发展状态之下，随着西方生活方式的普及，我们似乎面临一个危急的时刻。

　　我们的生存环境——水、空气、土壤——一切都无法避免人类活动产生的废物所带来的污染。在人类活动当中，就连与"大自然"息息相关的农业活动，也参与了对生态系统的大规模破坏。我们的发展模式就是建立在破坏生态的基础上。

　　受到威胁的生态领域不断扩大：湿地、红树林、原始森林、荒漠地区、沿海地区、山区、冰川……甚至城市自身也牵扯其中。

　　当今世界陷入一种各种生命形式不断遭到破坏的发展模式。环境破坏的规模——资源枯竭、地区发展不平衡、各种污染、生态多样性减少——证明了解决环境危机的急迫性。这些破坏活动不能再被视为孤立的功能性破坏而加以区别对待。毫无疑问，我们被拖入某种动态危机之中，这种危机是全民性及全球性的。

　　我们的星球从整体上遭受到越来越难以控制并令人担忧的连锁反应的影响。地球繁衍生命的必要条件被破坏，这种破坏的风险是无法逆转的。这种以全球性为特点的风险史无前例，而气候变化则首当其冲。

　　这种现象不仅应该引人思考，也应该唤醒我们的行动和反应。

各种社会风险

风险：一个古老的概念

风险一词开始于 16 世纪大航海探险之时。当时，这一概念与运气和财富相关，和之后金融风险和企业风险的概念内涵相同。而如今，风险一词失去了以往的积极含义。

随着人类活动的复杂化和各种社会关系的转变，任何人都会成为另一人行为的受害者，尤其在企业活动里。

这种意识有助于深入认识各种各样的社会风险，使非责任人获得赔偿。

例：工伤事故的社会认知

在 1898 年，针对工伤事故，法国通过了的法律条文证明了这种推理。这项法律承认员工在工作场所面临的本质属于雇佣关系的风险。过去，人们认为工伤事故是属于个人的事情，这项法律条文的通过与这种工伤事故属于纯粹个体的概念分道扬镳，因为这种观念对受害者的伤害更甚，使他们在不幸中陷入孤立。

因为冒失，工伤人员犯下错误，需要批评，而雇主也会因为忽视生产安全而受到质疑。对风险的社会认知

（法律条文的产生是社会认知的一种形式）符合在工伤人员和雇主之间进行责任分担的原则。

随着这项法律条文的通过，可以说，工作中的各种风险变成了社会性的问题。各种工作伤害会从社会组织、生产方式，甚至特殊生活方式等多角度进行考虑：这种多角度综合考虑的方式不再将错误单独地归咎于个人。

这种问题的社会性解决方式没有完全原谅受害者的错误，但从集体的角度去考量工人遇到的风险，权利和义务是必须同时存在的——甚至应该制定围绕生产活动的各种保护体系。

此外，风险社会认知不但有助于保险业的发展，有助于继续教育的发展，还有助于针对某项生产活动开展风险信息普及运动。

环境的各种破坏类似于工伤事故

对环境的各种破坏活动增加了人们面临的风险。其社会认知形成的过程类似于 19 世纪末 20 世纪初对工伤事故形成社会认知的过程。

环境危机由种种忽视和故障造成，它们的积累导致了各种生态系统的功能性障碍的加剧。

造成环境污染的因素包括工业生产废料的积累和过

辨识社会风险总是以社会动员为表现形式，也就是说，表现为个人为了共同的利益聚在一起，最终形成能够撼动社会关系的集体。

度开采自然资源引起的突发性破坏，人类活动衍生了环境系统的失衡，早就应该认识这一点，并且追究导致失衡的各方责任。

根据 20 世纪六七十年代欧美的生态思潮，人们似乎越来越有理由思考人类活动对于环境的影响，并且应该根据这些影响的程度进行立法，甚至采取惩罚措施。

全球性风险的概念

全球性风险就是在这种背景下诞生的，为了描述目前的形势，社会学家一致认可"风险的社会"这种说法。这种说法表明了风险存在的普遍性，在我们这个时代，这一点已经为大家所熟知，尤其在环境危机和技术发展的矛盾方面。

根据这个观点，社会风险具有明确的定义，与具体的生产活动相关，所以在 20 世纪和 21 世纪转折之时风险已然存在的情况下，任何人都无法避免这些风险。

"风险社会"这种说法描述了我们生活的时代和我们的生活方式，它的使用表明，对于社会学家而言，全球化生态危机是我们发展方式导致的后果。他们接受这种观点，能够以批评整个发展活动的形式，加强针对目前发展、工业化、资本主义优先论调的批评力度。

　　这种批评以可持续发展和发展减缓为中心思想，它可以采取不同的形式和使用不同的途径。但是，有一点是确定的：为了让这种对世界的解读能够被全社会接受，也就是说，让它成为人类共同的文化组成部分，它必须以诚实可靠的"叙述"为根基。

　　在这一点上，科学家们的联合至关重要。没有生态学专家、社会经济学专家、哲学家们的支持，对于另外一种发展模式进行的生态学上的讨论，就会失去其可信性和合法性。有了他们的帮助，这种讨论就可以超越意识形态，成为关乎普遍大众利益的讨论。

　　我们将在下文中看到，对于科学界人士和知识分子的调动在某些方面还有所欠缺：科学必须为具体的实践活动服务，而整个普通民众自己也要有主观能动性。

　　可以提供给我们的有两个选择：可持续发展和发展减缓。它们为改革派、激进派，甚至是革命派实现立场的可能性提供了空间。这两种选择的实现取决于我们每个人的能力，我们应该具备坚决抵制不可行的生活方式的能力，也应该具备创造其他生活方式的能力，使我们的世界能够进入其他的轨道。

　　我们要文化资源的整合（科学、技术和政治），以面对我们这个时代所遭受的全球性风险。我们也需要全面总体来说，如果危机的诊断属于科学范畴，寻找替代方案的研究则属于社会范畴：批评只有在实践中才能产生效应。

调动有助于战胜天气变化因素的各方力量扮演好自己的角色。

即使对于危机的分析属于科学范畴，对其替换方案的研究则属于社会学范畴，属于整个社会，批评只有在运用于实践的情况下才能发挥作用。

社会问题，社会角色

各类社会角色

"角色"一词在社会理论中占有重要地位。它取自于戏剧的专业词汇。这个概念不但与角色和舞台这两个概念密不可分（也就是说与背景密不可分），也与"诠释"紧密相关（它与学习过程或社会化互相影响）。

就社会学的学术用语而言，一位角色就是一个个体，男人或者女人，这个人具有足够的生存能力和学习能力来适应和参与某种社会生活。因为"不成熟"，儿童通常被排除在这一概念之外：他们还在进行社会生活方面的培训，以便能够逐渐融入社会生活。这个过程，人们称之为"社会化"，它是没有尽头的：我们一直可以提高作为演员的能力——与时俱进地诠释我们的角色。

社会生活是充满活力的，在社会各领域构思方案和付诸实施的过程中，各类角色获得认可的功能。这就是为什么社会学能够为培养有能力的角色提供珍贵的帮助——进而为民主提供了帮助。

在通用语言中，参考具体行为，角色一词一般代表了欲望和利益的"载体"。例如，有时按照涉及的领域和内容，人们会提到团体、私人、政治角色等。这些表述有时会产生误区，让人以为同一领域的角色是相同价值观和相同方案的载体……当然，实际完全不是如此。例如，企业主们或各种组织并不会全都发出相同的声音。

在气候方面，是同一回事：虽然要面对与其活动相关的各种具体情况，同一个领域的人可能会认可不同的观点。但是，相反地，无论他们制造了气候问题，还是与其无关，还是阻止气候问题的发生，他们只有使用了符合其社会层次的所有资源之后，才能充分发挥效能。

气候因素的主要角色

通过从社会范畴对日常生活进行研究，人们可以甄选出一定数量的社会政治角色，为他们提供博弈的舞台。

联合国：联合国参与解决可持续发展、环境保护、难民保护、灾难救援、反恐斗争、裁军等问题。它与所有的国家共同制定目标来建设一个"更美好的世界"。

经济合作与发展组织：它被定义为一个支持各国可持续增长的组织。人们会注意到，在落实具体目标方面，"可持续增长"这种表达法，像"绿色增长"一样，一直在遭到质疑。问题在于维持快速持续增长的方式或是减缓发展？该组织网站上没有进一步说明……

政府间气候变化专家委员会：它负责评估关于气候风险和后果的研究进展。

不同的首脑峰会，从G8到G77，这些都是谈判机制，与会者是世界上最富有、最强大的国家。从1987年开始，这个由世界经济主要大股东们构成的"工会"已经将气候变化议题引入峰会。

欧盟：这27个国家通过共同的机构来实现部分国家职能。这些国家必须在政策上通力合作，其中就包括气候政策。

各国：其各政府职能部门和服务部门。就法国而言，以生态、能源、可持续发展和海洋等政府部门为例，还包括地方工业、科研、环境等政府部门和地方环境的领导机构。

各公共机构：例如法国环境与能源管理署。

相关经济机构：法国工商会、法国行业协会，法国农业协会、法国雇主协会（注意，在2009年9月19日浏览法国雇主协会网站时，没有找到任何关于气候变化的内容）、能源集团（法国电力公司、苏伊士—法国燃气公司）、石油集团、交通集团等，所有企业（大型或小型）……

"权威人士"：各政党、协会（不仅包括消费者协会、可替代能源发展协会、自然保护协会，还包括反对气候话题的游说集团），当然，还有媒体（电视、广播、纸媒、互联网等）。

不同机构之间的互相作用

需要在此提醒一下，鉴于公民们所属职业和组织的不同，他们可以接触的舞台也不同，在这些不同的舞台，气候话题在讨论之中，或者逐渐开始涉及。

所谓角色，意指：个人，也就是公民，他们了解到了一些案例，这些案例让他们感到激愤、他们为发起斗争或发表意见而参加的各种协会、无法推脱责任的选举代表、负责分析这些案例的专业人士和专家、播报最新消息的媒体、监督和预估其后果的经济机构。

作为个人，作为公民，作为公众舆论的组成部分，我们都从不同程度上接触着不同的舞台，我们每个人都能够在其中扮演自己的角色。

第 2 章
各种社会现实情况

气候变化：定义

气候变化并不是简单的气温问题

气候变化是不同的环境破坏活动造成的后果，它们是导致大部分全球气候调节失常的罪魁祸首，与每天或每个季节的天气无关。虽然天气预报带来关于季节天气变化的信息，它却无法播报气候变化的情况。

"气候变暖"一词具有欺骗性，因为它将气候变化的原因简单地归结为气温问题。

即使地球不同地方的温度定期统计表包含着便于研究气候变化丰富的信息，它们也只是理解气候现象必要的措施和观察而已。

气候变化涉及的不同现象远不止于地球表面温度，它涉及参与大气调节的所有过程，其中包括冰川状态和海洋温度，因为海洋暖流和寒流的交替循环对于气候调节起着决定性的作用。

除了大气非正常变暖的预期之外，气候变化的现状也令人感到全球大气调节系统整体失衡的风险，以及将随之而来的各种地缘政治风险。

整体而言，目前对气候变化的各种预期可以让人们了解许多风险的存在：与饮用水和食品有关的风险；与气候异常有关的风险，例如干旱、洪水和暴风；卫生风险，尤其新的传染病源；所有生物最终流离失所的风险——其中包括人类，例如被迫迁徙（即所谓的"气候难民"）和物种消失。

所有这些威胁将生态、经济、社会和地缘政治因素与严重的世界失衡风险联系在一起，说明了气候风险的全球性规模。

人类历史上的气候情况

在发生环境危机之前，人们已经意识到气候稳定的重要性。远在气候变化造成我们这个时代大部分风险之前，气候失常曾经是人类社会大迁徙的重要因素。

　　法国历史学家艾曼纽尔·勒·鲁瓦·拉杜伊勒
（Emmanuel Le Roy Ladurie）在重现气候发展历史的时候，
介绍了各种气候变化的影响：气候一直对农业产生影响，
因此也对人类维持生存的能力产生影响。

　　勒·鲁瓦·拉杜伊勒的工作表明，过去，农业社会尤
其会因为饥荒的风险而遭受重创。如今，这种情况并没
有消失，我们一直在遭受食物缺乏的痛苦。然而，目前
以环境危机和气候变化为表象的威胁与我们祖先经常遭
遇的威胁还是有所不同。

　　从历史角度理解诸如气候变化之类的问题是非常重
要的。实际上，历史可以带来双重的证明过程：它表明
了与环境相关的变量之中的常量，因此，可以从问题出
现背景和社会接受程度方面，识别某种形势当中新情况
的出现。

　　教授历史知识就是给我们警示：这些知识使我们对
某个问题的重复出现提高警惕，促使我们解读我们这个
时代的特殊性和属于我们生活方式特有的风险。历史学
家工作的闪光点在于，它既重视问题的新情况，也考虑
当下的特殊性。

　　气候变化并不是孤立存在的。它是一系列情况共同作
用的结果，这些情况构成了我们面临的环境危机的特点。

这也就是为什么目前的气候变化问题与我们祖先过去面临的问题完全不同的原因。气候变化问题代表着各种高度复杂的现象，对于这些现象，我们只是刚刚有所认识，还无法控制这种复杂性。

源自人类的温室效应

众所周知，恐龙的灭绝是彗星撞地球造成的，这次碰撞产生了大量的灰尘，在很长一段时间内改变了地球上的日照和气候条件。

目前地球面临的物种灭绝风险将是第五次……但是，与之前不同，这次灭绝风险完全来自于人类，即我们人类自己是造成灭绝的原因。

与造成恐龙灭绝的灾难相反，我们不能把面临的威胁归咎于我们一无所知的外部原因。

目前气候损害的主因是人类活动造成的温室气体的集中排放。然而，地表保存的太阳热量是维持生命的必要条件，但如果超出某个界线，它们也会给生命带来损害。

关于人类活动对气候的影响，从 18 世纪初开始，约瑟夫·傅立叶（1768—1830）进行了假设；瑞典化学家斯万特·阿朗纽斯（Svante Arrhenius，1859—1927）在1896 年发表的一篇文章进一步推进了关于温室气体现状和气候损害之间联系的研究。

根据如今建立的模型，气候变化源自于二氧化碳、甲烷、水蒸气、氧化亚氮、氮族气体在大气中的累积——其中某些气体比其他气体有更强的吸附能力。这种累积有助于形成大气层，其作用类似于温室的大棚，可以将太阳的热能存储在地球上，这也是"温室气体"的本义。二氧化碳占人类排放气体总量的74%。

尤其是，这种模型建立的基础是定期记录大气层的不同成分，其中二氧化碳的比率和气温变化的规律共同构成温室效应理论。极地冰盖的样本分析也佐证了这一理论。冰川的作用，就像在其形成时期对大气状态的一种记忆，由此，我们可以按照生命延续的不同时期，划分大气的不同成分。一般来说，这些测量证明了温室气体的含量与气温升高之间的关系。当然，这个理论也为某些气体起源的研究和论述提供了合理证明，根据这一论述，气候变化是人类活动的后果，尤其是西方生活方式的后果。温度和大气中二氧化碳的含量在不断升高，从工业化（自18世纪末开始）以来，升高速度不断加快。这些相互关联的事物证明了一种假设，即与工业化和消费社会构成的生活方式需要对我们目前面临的气候变化现象负部分责任。

社会科学对于问题构建的贡献

人类社会的碳足迹

如今证明，燃料燃烧直接排出温室气体。燃烧产生的能量对于食物的烹饪、热量的生成是必要的，在工业生产和现代化交通运输的背景下，它对于机器发动和运行的关键过程而言也是必要的。

通常，我们所有消耗的财物和服务——我们行为的总量——加重了人类社会的碳足迹。

足迹一词的定义：人们制定了诸如生态足迹和碳足迹等不同的环境和可持续发展的指标。

生态足迹与土地状态有关。它计算出来如果我们延续现有的生活模式，我们需要多少沃土，甚至多少个地球才足够。

因此，如果全世界的人按照美国人的平均值来消费的话，可能需要6.81个地球才能用以维持全世界人口的需求。

碳足迹是一项统计我们日常活动产生温室效应气体数量的指标。我们生活方式产生的影响越来越可以通过数据表现出来。

现在已经拥有许多关于碳足迹的国家级和地区级的图表。前者指出不同国家应当承担的责任；后者可以辨识相对而言更加严重的因素。因此，可以这样说，即使因为人口的原因，中国产生的温室效应气体正在超越美国，但是，比起中国人的生活方式，美国人的生活方式会产生更严重的温室效应气体。根据不同生产领域的研究，因为大投入的农业方式（化肥、农产品、用于农业机器的碳氢燃料）和食品工业化，食品已经越来越成为温室效应气体的制造者。

尽管每种文化的特点不同，通过碳足迹来识别不同的社会类型却是有可能的。因此，即使法国人与英国人或德国人的生活方式不同，例如，在与"现代生活"关联的气候变化方面，这些国家有许多共性的东西。

现代生活的特点：其一，大量物品的流通；其二，在工业和交通过程中，对于消耗能量的服务形式的依赖，因此，这些服务形式导致大气中温室效应气体的增加。

我们大量频繁地穷尽地球的资源，同时，我们又将大量经过加工的工业废品扔进环境之中。这些丢弃物，或者"残渣"加入物质循环的形成过程之中，造成了环境危机，包括气候变化。

资本主义飞跃和消费型社会

在欧洲，现代资本主义工业化和飞跃是相伴出现的：它们确定了一种新的致富模式，使一个新的社会阶级（企业主或资本家）浮出水面。这个阶级的权力基础是工业化和雇佣制度。工业化的实现得益于自动化生产过程中种种发明，这种自动化生产替代了手工业生产，工业化的实现还得益于雇佣廉价工人和生产过程各个环节的不断改善。只要人们的生活方式与时俱进，这种技术进步对社会是大有裨益的。

企业主实现资本积累必须制造新的需求，这使现代社会成为"消费型社会"。

这种消费型社会，在 1960—1970 年达到了顶峰，期间经历了数次社会妥协，它保证了公民参与消费时必要的社会稳定性。社会妥协之一是给予公民物质享受条件，通过消费金钱、服务还有"标识"（时尚、服装、品牌等）构成理想的保护层，来对抗社会批评和对工业及资本体系的破坏。

人们很清楚沟通的重要性，掌握沟通渠道来为资本主义服务同样重要。实际上，为了维持西方发展方式的

基础，对于知识的创造和沟通传播体系的控制显得至关
重要。

致死的模式

　　流通、转变、消费、物资转移带来的活力成为我们
发展方式的特点，这种活力就是全球范围内"社会新陈
代谢"的定义，对于我们的星球和在星球上的生命周期
而言，这种新陈代谢变得越来越无法承受。

社会新陈代谢

　　这种说法让各种生态系统之间的相互作用显而易见。
这种方法应用于诸如农业或城市之类的人类社会中，与
自然生态系统形成对比。

　　我们以超负荷的方式生活着，它威胁着地球至关重
要的平衡，尤其会导致气候的失常。这个系统的超速运
行会导致地球的毁灭，虽然近几十年，社会和生态的警
报声越来越高，这个系统却依然不惜代价地抵制着批评，
对变化充耳不闻。

　　虽然西方的生活方式成为生态失常和气候变化的主
因，但是它已经作为典范普及到了全世界。在这种致死

的模式之后，就是全体人类陷入无可救药的绝境的过程。

目前，因为追随一种发展模式而对地球造成的所有威胁已经并将继续根据人类的脆弱程度产生不同的影响。换句话说，最贫穷的领土与个人，也是最脆弱的，将会更加暴露于威胁之中。分散气候变化导致的风险并不能使国家与地区之间的不平等重获平衡，而相反，倾向于加剧地缘政治的不平衡。比起强大而稳定的国家，它会使那些脆弱的国家变得更弱。

威胁同样存在于同一地区的不同个人之间。2005 年 8 月 29 日美国路易斯安纳州的飓风卡特里娜的赈灾行动足以证明这一点。面对不同人群，政府处理飓风灾害的速度也不一样，新奥尔良人就是证人，这种现象在未来还会重演。

除了与气候风险相关的环境威胁之外，还得担心由此造成的灾难性的人类牺牲。通过气候变化造成的生态系统失衡和政治不稳定的风险，有必要将之视为全球性的风险。

气候变化使物理、化学、生态和具体生活方式的改变以及相互之间的影响变得显而易见，并具有可持续性，这种提法有助于在社会范围内诠释气候变化。

科学的角色

科学家们掌握着种种课题，同样掌握着各种预判和概念。他们的工作在于，对具体问题进行辨识，进而总结出普遍问题，甚至通过实验构建模型，最后为各种具体问题提供解决方案。

各种科学门类在具有多样性的同时，也具有一些共同点，其中之一就是通过过去的定义开始它们的研究，希望通过研究最终摒弃这些定义。实际上，科学的进步就在于摒弃旧的知识体系，以新的知识体系替代之。

为提供可靠资料而进行的科学活动

官方认为，目前我们遭遇的气候变化表现为人类活动的结果，更确切地说，它是建立在以人类活动增加和自然资源消耗为基础上的发展模式导致的结果。注意：这并不意味着，来自于非人类的而导致的气候变化因素不存在，但是，相比较于人类造成的温室气体排放的浓度，这些因素就变得微不足道了。

今天我们对气候问题相对熟悉，是经历了从陌生到了解的过程。这得益于科学信息在社会里的大力传播。除了需要努力传播科学知识之外，他们的努力有时会背道而

把气候问题视为社会问题，便于把表面具有差异且
彼此疏离的现象联合起来。

驰，一些前沿科学家们不是总能获得社会的理解和支持。甚至，当他们得到政府间气候变化专家委员会盖章认可之后，他们还是偶尔会成为激进分子攻击的目标。

这些事实提醒我们，无论从实际意义或象征意义来说（即科学意义、思想和价值观的形成），社会权益都是处于弱势的姿态。

研究资助可以保证科研的质量和独立性

科研工作的基石之一——没有比它更重要，就是科研经费。气候问题与研究的独立性紧密联系，而后者的保障则来自于充裕的经费。研究经费的来源是研究工作公正及其结果可靠的保证。

公立机构参与研究的组织工作是必要的。因为利益冲突的风险，一些私人企业控制科研工作，以占据自然资源、能量、温室效应气体、食品等方面的市场，这种情况是不健康的。即使政府愿意间接补贴科研，但如果它对研究项目和团体没有实际控制权，那么，其公共资助力量难以付诸实际。

科研工作的进行、结果的产生、研究人员的成果发表受到干预等风险并不是空穴来风。许多研究工作遭受了压力，其研究人员成为了施压的目标，在敏感领域的研究尤其如此。"敏感领域"意味着巨大的经济利益和未来可以获得的权力。以遗传基因修复为例，这种新技术的诞生意味着可以控制全球农业种子和食品市场。

微电子和气候变化方面的研究也具有敏感性，所以，可能会受到来自于权力角色的各种类型的监控，甚至审查。

然而，跟其他地方一样，在气候变化框架内，可以将研究人员遭受的压力视为不同社会团体在该问题上存在多大利益的指标。

科研成果产生的社会影响

社会利益与伴随气候变化而产生的期望或威胁呈正比。因为缺乏世界范围内的反应（也就是说缺乏具体有效的措施），气候变化真的可能使一些活动领域变得不稳定，影响一些重要的人群。

从得失意识和参与具体措施方面来看，政治经济领域的各种人物无疑会起到帮助作用。假设发生这种转变，世界上最富有的国家采取的生活方式不可能不发生改变。

当然，这种前景并不能自发地将主要利益各方联系在一起，自觉地从自身做起：在我们既定的生活方式中引入新的规则一般不会受到欢迎。

有时，这些抵制行为涉及的利益不相一致，但是，最终它们仍会共同成为社会接受导致气候变化因素这一问题的桎梏。人们将之称为"异质联盟"，意思是，它们不是某个单一的计划或信息的载体，但是，它们对气候变化因素的制约效率却非常一致。

例如，对化石能源的衍生品征收新的税种，受到了化石能源生产者及其利益各方的一致反对。

这种反对声音不难获得群众的支持，因为他们不希望化石能源产品涨价。

2008 年提出的"野餐税"① 在"消费者"团体的围攻下没有幸存下来，2009 年夏热议的碳税，遭到了消费者协会的广泛反对，成为法国政治人物角逐的棋盘，但不包括生态学家。

根据不同观点，这些税种力度太小，影响力不足，而且因为购买力下降，法国家庭变得更加脆弱，这些税种成为他们不能承受之重。

对于新的社会问题，这种将不同社会利益联系在一起的对立形态具有典型性。大部分技术和文化影响没有

---

① 野餐税：并不是针对野餐行为征税，而是对野餐中使用的一些物品征收环保税。

计入其中。

气候变化属于这种情况：它调动了不同的社会和地缘政治利害关系，成为现今社会矛盾潜在的主要来源之一。这些现有或未来的矛盾将涉及社群甚至国家之间：在地方行政区域之间（在像法国这样反差较大的国家内，地区之间的差异会导致局势紧张），同样，在国家之间或国际关系之中（传统工业国家之间、新型工业国家之间、发展中国家之间）。

关于气候变化的科研交流是重要的因素

惰性——甚至是抵制——无所作为，甚至积极抵抗，是我们面对气候变化理论可能采取的态度，因为我们不想改变生活方式，也无法设定其他替代的模式。它们来自于我们的无能，我们不会提醒自己哪些事物会代替我们现有生存模式。

如果我们不接受新的模式，那就无法真正采取行动。为了我们在这方面有所进展，我们需要一些学识性的资料（数据、信息、模型等）。

关于气候变化议题，科学家和知识分子可以传播的范围不是无限的。它取决于工作条件、受到的鼓励、周围同事和社会整体（对于一名科学家而言，如果觉得自除非涉及自身利益，否则，限制其活动或生活方式的话一般会引起抵制。

己的研究无法引起他人的兴趣，其研究道路就很难继续下去）。

科研的形成是一个学习论述和建立证据的过程，只有这样，科学家在汇报研究成果和提供建议时，才能做到有备无患。相反，当他们面对不同的社会需求或者仅仅是跟其他学科的同事和实践者对话的时候，他们不一定总是全副武装。如果科学提出争议，它将使用属于自己的科学词汇，并非一定要受到公众传播舆论的影响。

如果说科学家尤其习惯于在研讨会、科学代表大会和杂志上交流，那么，通常由记者和协会接力，向社会广泛传播科学研究的成果，促进公众舆论的形成与了解。

在社会范围内"说"对于某个问题的社会关注度的提升，进而构建后来的"文化特征"，是必要的先决条件。无论社会流动的成因如何，社会性话题都是实现这种流动性的主要关键因素之一。

就像为了形成事实一样，许多角色——甚至社会成员整体——参与了社会范围内"说"的行动：社会生活可以被视为永不停止的交流活动的产物。根据他们生产和传播的场所不同，这些传播活动互相无视，或者互相意识到对方的存在，互相影响，互相回应，互相矛盾或互相支持……

　　此处，我们以线性的方式，介绍关于气候变化交流过程中的各种角色。当然，信息的传播并不来源于此，其道路更加的曲折和复杂。

第 3 章
社会性话题

媒体

舆论的传播

信息的传播和公众辩论的组织是民主的重要因素之一。尤其在复杂的环境之下，这种需求则更加迫切。然而，在现如今，这种需求的组织活跃性和全球意义相当缺乏。

较高层次的公共研究投入，也就是说，可以帮助公共研究独立进行，无须受制于利益条件的投入非常缺乏。

在这些条件之中，尤其存在一种可能性，即通过信息传播形成公众舆论，进而捍卫这种论调。它可能是通过选举，也可能借助于公开表达观点、组织集体活动和采取手段或区域行动。公民的素质取决于这些可能性。

公民权通过不同的公众、半公众，甚至私人的经验来执行。正是一切参与社会生活的行为使不同观点的形成和组织成为可能，进而汇集起来形成统一的公众舆论，最终对社会发展方向产生影响。

媒体是谁？

为了将个人观点转变为公众舆论，舆论的传播依赖于不同的媒体，这些媒体包括报刊、广播、电视和网络。

"媒体"一词同时指媒介（纸质报刊、电视、网络）和各种机构或组织，可以在全球范围内进行传播（报业集团、电视频道、网站）。

信息产生导致新的相关技术层出不穷，这种更迭的情况使不同媒体与消息传播之间的各种依赖关系变得更加明显。

消息，不仅仅是通知，也是一种交流模式。详细叙述这一概念的理论有很多，我们倾向于认为，"交流"属于社会政治行为，它并不局限于消息在人之间的传递。此外，交流不是单向的，它永远需要交流的接受者参与其中，因此，产生了接收的原则。这种原则甚至会影响话语者与接受者之间的交流和对话，以至于两者会在交流过程中角色混同。

将个人观点融汇为集体观点是专家与大众"观点接力"的组成部分。

这种情况使我们重新审视选择媒体和传播方式的重要性。实际上，慎重选择文字、声音、图像等多媒体手段，并不是微不足道的小事，甚至可以优先选择远程操作，而不是面对面的方式。各种交流的方式也是造成这些选择具有重要性的原因。远程交流依赖于各种技术设备和诸如资金和权力机构的支持。它是自成一派的经济领域，因此需要注意区分信息交流的职业者与志愿者。

大众媒体的交流

信息职业化是伴随着技术的发展而产生的，这些技术使交流活动可以大范围展开，无须中断，永远可续。这种讯息传播的组织方式是大众社会特有的交流方式。

大众社会

这种20世纪60年代使用的表达法具有双重性。一方面，它表明大众传播和操纵舆论的负面形象，它与信息民主化的论调也不可分割。

似乎大众社会被"原子化"了，也就是说，它们是不完整的，因为它们缺乏组织性。操纵大众舆论就是这种原子化造成的后果之一。

第三帝国（即纳粹德国）和希特勒在广播上演讲的

传播就是操纵大众舆论的参考资料。同一时期，通过伦敦广播电台进行的法国抵抗运动组织从另一方面反映了同样的现象。由此，可以看到，同一种媒体是如何同时为好人和坏人服务的。求助于大众媒体的力量具有现实性，例如，近年卢旺达大屠杀的号召者就是不间断通过无线电波来传播仇恨和煽动屠杀的。

新技术的引入产生了影响：对应每一种媒体，存在着潜在的不同交流行为——甚至于操纵公众舆论——这些不同的交流行为诠释了什么叫作"大众社会"。

最近，"全球化社会"的概念代替了"大众社会"的概念。这两种表达虽然不同，却将人们的注意力吸引到信息传播垄断现象的形成上来。这到底是怎么回事？垄断的形成是指，信息的形成及其传播对于社会而言，是一些策略性的问题，它们已经被一些专家和专业机构所垄断：在现代社会中，纸质媒体和广播电视媒体引导公众舆论的形成。它们的出现伴随着操纵公众舆论的风险，因为这些媒体可以通过刻意减少信息包含内容、按照既定目的披露信息，受众的"原子化"加强了这种操作的可行性。

实际上，大众传播最危险的后果之一在于原子化，也就是说，其接受者的分化和分散。如果其接受者既不能面对面交流，也不能互相协作，他们就不会拥有任何行动余地：他们既不能和传播者交流，也不能与其他的听众交流。

这种局限性不但是技术上的，也同样是政治上的。在电视、电脑、报纸、广播前的每个人，虽然表面上面对着多样的媒体方式，实际上，因为权力集中（主要的信息传播机构隶属于几个大集团而已），却暴露于程式化的交流模式中。面对如此，个人变成了弱者，他们是孤立的，相对于被传播的信息，他们没有其他参考的余地。

民主化／控制：媒体的使用是一把双刃剑

大众传播固有的风险就此可以证明应该抛弃媒体吗？悄然放弃这些曾经的希望将是不诚实的，尤其是广播和电视，曾经是这些希望的载体。以声音和图像为主的这些结构性媒体曾经为人们打开了浏览信息的大门。它们使展示世界的多面性变为可能的事情，为探索新的情绪、增加感知的方式和分享时事做出了贡献。

广播和电视从它们诞生之日起就被视为大众接受信息民主化的真正希望之所在，它们给予接受者（听众）自己传播信息的可能性（和通过电台或电视台自由表达意见的可能性）。

因特网革命也由此诞生，它增加了传播者与接受者互动的可能性（博客、门户网站、个人网站、沟通交流平台、论坛等）。

因特网

根据互联网数据中心的数据（2009 年 3 月）显示，因特网接待了 15.9 亿网民的访问。它扮演的角色包括公众空间、虚拟市场，甚至是现实社会的"翻版"。这还是一个相对没有什么管控的社会性空间。

在气候问题上，互联网可以扮演许多种角色：既可以接入门户或合作网站、个人网站或博客，参与论坛讨论，也能够浏览广播电视节目和文章，当发生世界性大型活动时，毫无国界地调动各方力量，例如哥本哈根峰会准备期间发生的世界性运动（2009 年 12 月）。

在各种情况下，都应该针对接触信息民主化的重要性提出质疑。它有助于个人表达自己的意见吗？还是使人们变得程式化，接受和消费同样的物质和服务？信息是由社会经验的多样性形成的吗？

像之前的研究一样，垄断媒体的一些重要职能并不在反对公权滥用的能力和抵抗方面，公民社会拥有足够的资源，不能因为害怕公共舆论的控制而低估这股势力。

被期望，比如信息的社会性传播。一般情况下，就大众传播提出问题是比较合适的：控制公众舆论是行使权力的重要手段，这对于社会而言，是一种永久的威胁，是需要社会有所防备的。

制衡

临时重组政治政党及协会的组建证明了这种修正。

在共同利益的基础上，不同的机构彼此联合、相互认同，并进一步在公民社会里引发反响。这种认同需要一个公共空间，为权力制衡提供可能性。公共空间内部的相遇、交流和较量是一种保护，可以避免社会"原子化"和控制公众舆论的事情发生。它们使接受者与传播者之间的各色人等能够进行交流，保证表达和倾听之间的有序交替。

这种对话是必要的，因为它参与信息和舆论的生成。但如果缺乏权力平衡的环境，这种对话将无法进行。

总结信息在社会传播的流转图时，必须套用文学里"灰色的"这一字眼（也就是说，不会向公众披露的政府、科研、工业方面的文件）就流转节点之间的关系说上两句，尤其是因特网。因特网是真正可以接触这些文件的捷径。这些文件在科研与就敏感问题发起的运动之间的地位有利于科学问题的民主化，因为一些经过时间考验真实可靠的档案更容易通过因特网进入公共领域。政府间气候变化专家委员会的报告以及欧盟或美国的议会报告即是如此。

斯特恩报告

这份材料第一次具体说明了气候变化将会造成的损失。其主要结论是：气候变化将对世界经济产生深远影响（报告指出损失将达到5.5万亿欧元），因此，与气候变化进行斗争可以带来经济上的回报。

气候变化有可能造成农业减产，增加剧烈气候灾难的次数，或者产生数百万的气候难民。这些问题造成的损失估计会占到每年全球国民生产总值的5%，然而，与温室效应气体释放做斗争所产生的成本，只会占到每年全球国民生产总值的1%。计算数据是可以快速完成的事情，但是，形势地位的不对称会使问题复杂化：发展中国家会更加受到气候变化产生的后果所带来的冲击，而攻克这些冲击所需要的财政支持却来自于发达国家。

斯特恩报告还指出，发达国家的角色是通过经济和技术支持，帮助更加贫穷的国家将解决气候变化问题放到该国的发展计划之中。

这份报告是由经济学家尼古拉·斯特恩为英国政府撰写的，它发布于 2006 年，是一份值得信赖的工作报告。得益于因特网，它在全球范围内得到了宣传和评论，它为新的经济调整模式的支持者提供了进行辩论的依据。

传声筒

叙事，首要的社会课题

古生物学家和历史学家回顾的内容说明了气候问题和其变化的历史性。地球科学和人类社会科学协会补充完整了这些过去的信息。科学学科之间的合作使人们更好地理解这些问题，这些问题出现在某个具体的历史时期，需要适合当时的解决办法。

通常情况下，气候变化问题需要不同类型的学科知识，通过对未来局势的构建，人们会特别区分描述问题的研究与有助于制定技术和政治解决办法的研究之间的区别。

可以肯定地说，所有的科学学科，无论它是所谓"自然的"还是"社会的"，都与这些不同的利害关系有关。

自然科学描述和测量某些现象：它通过实验、测量和建模来区别现象潜在的成因。社会科学根据前者建立的模式来"描绘各种可能性"。它们通过这些方式激发领导和全体老百姓的灵感。

第一种类型的知识，更具有描述性，用于建立表现形式；第二种服务于实际行动。后者又能调动新的科研项目来探索适应形势的新技术和新技能。

就气候变化情况而言，一方面是深入探究问题，另一方面是作为项目组织负责人或者地方领导，为大众提供技术上或政治上的建议，因为他们的生活与地球的命运息息相关。

为了使这些知识具有有效性，让它们在社会上得到传播，必须让它们在社会上被宣传、被更替。这种宣传首先强调了信息传播和流通的重要性。

在一种民主之中，思想和精神的产生并不仅仅属于权力人物和精英。原则上讲，思想的形成和社会范围内的流通并未受到限制，可以为所有人所知：个人可以自由地讨论和分享关注的问题，进而不再受其困扰。但是，实际情况却并非完全如此，这一功能是舆论更替的"转包"者，或是个人关注点和观点的传声筒。

大量的非政府组织负起了这个职责：它们是一些小的协会或地方性组织。关键是参与全社会"说"的运动：调动公众舆论，发出声音，建立强大的关系网，对政治领导、大集团、大股东施压，迫使他们思考环境问题。

社会生活由社会传播构成

社会以比较有序的方式持续地更替着流通在我们生活的世界和时代的信息。

这些信息形成了指引我们方向的坐标，它们加强了我们感受、坚持和行动的方式。

我们看待和理解世界的方式（人们称之为"我们的表现形式"）是我们所处社会相互作用、相互包含的结果。因此，人不是天生的生态学家，人可以变为生态学家。但是，在哪种程度上，这些事件可以动摇我们的信仰，转变我们的行为？

全世界都在参与知识的积累和传播，但是，某些角色和领域更具有专业性，甚至比其他更加地活跃。相同地，存在生产领域的专业机构，也存在负责传播和流通信息的机构——即使社会分工的界限从来没有事实上那么严格。

涉及气候变化的运动和广告，这些表述旨在改变个人和集体的行为，同时，伴以警示和行动建议。

因此，讨论这些信息的影响是合理的。

传播运动就是秉承这种精神：要获得有效而广泛的合作，必须要让人们达成共识。

传播运动的影响

传播运动有不同的目标，有其选择的优先性，区别在于它们采用的风格以及不同的美学和道德培养方面。

所有这些方面使人们只能被某一种类型的传播方式同化，而不是其他方式同化。因此，诸如广告之类的传播运动应运而生。这些广告对于敏感的灵魂来说，具有挑衅性，而对于另一些人来说，却可以吸引他们。

传播运动成功的原因来自于理智和内心感受两个方面，它总是与接受的氛围联系在一起。即使传播运动的组织者试图通过在黄金时段播放广告，来保证其受众的稳定性，但是，结果却始终稍有偏差。

所以，要想不受大众传播媒介的控制，就要学会解码传播媒介。

传播会引起差异化和不同的反应，但是，它不会完全导致社会角色（即我们这些公民）改变其思维和行动方式。

重新讨论线性的、行为主义模式

心理学和社会学研究揭示了"行为主义"模式的局限性，按照这种模式，个人能够以确定而安全的方式回应环境的刺激。据此，公共政策可以发起适当的回应，尽管发起的过程或多或少有些延迟。实践经验说明了这种模式的局限性：并不是因为烟盒上写着吸烟有害，吸烟者才放弃抽烟。这种现象也适用于其他方面。

实际上，理想的氛围是不存在的，但是，却存在一些相对适应形势的形态。这个观点使传播策略的构思变得艰难，让其构想者的工作变得复杂化。

失败取决于信息内容、表现形式、美学特征、所处氛围，甚至是载体的可信度等因素！有时人们会因为形式问题而无法理解信息——比如，地图、示意图、曲线图、公式，因为该信息在环境中的定位不行，或者因为该信息被不那么靠谱的人物或机构接替，甚至仅仅因为信息来得不是时候！无论是传播运动、敏感话题或与某人的讨论，所有这些变量限制了对所有信息的接收。

现在该适当讨论一下接收问题的其他方面，包括接收者的位置和背景。

我们对某个信息的态度，可以无视它，也可以相反地，对这个信息非常敏感，仅仅因为它与我们关注的问题相吻合。在某些情况下，针对成千上万人而构思的传播方式似乎也是为我们而制作：这种方式就是通过我们自认为自己特殊的心理吸引了我们的注意力！

因此，同一家媒体制作的同一条信息可以随着氛围的不同而产生不同的效果，在这些氛围中，这条信息得到了传播或理解。这种观察一下子使人们关注某条信息与个人及其周围实际经验之间的联系。

接受语境的重要性

无论是在社会生活结构还是在个人和群体发生变化意愿方面，心理学家和社会学家都强调了模拟的重要性。一个人会因为肥胖、酗酒、嗜烟而承担更多的风险，而他周围的人也会有人具有类似的特点。我们周围的人总会影响我们行为的方向，即使这些行为并不受到推崇。生活在具有这些行为的人身边，会限制人们对风险的预判，增加遭受风险的可能性。它使人们面对风险变得平庸和脆弱。

我们的"超我"指导我们的行为，也指导我们是否接受所处环境中散播的信息：我们接收与我们相同的人关注的敏感问题、信息和传播方式，限制了我们自己接收信息的能力。能说服我们的东西，必然是与我们相同的人们能够被说服的东西。

在像我们这样，包含不同文化的多元社会中，我们对某条信息可能接受的程度会根据与我们休戚相关的不同群体（朋友、同事、协会、邻居……）而有所不同。在地球的某个半球是显而易见的东西，到了另一边，就变成了脱节的东西。在某些场景下，使用某些手势会毁了我们的权威性，而在另一些场景中，反而会加强我们的权威性。

信息的接受，无论它是在传播运动的框架内，还是"飘"着，取决于接收者此时此刻所处的环境（他在哪里？他在做什么？），还取决于他的社会心理学属性（他周围的社群是怎样的？），同样还取决于他如何接收信息。

因此，一则关乎汽车使用限制及其对于温室气体排放和全球变暖影响的信息在如此情况下会更为人所接受：信息接收者居住于一个共享汽车网络覆盖的街区，他的私家车正抛锚出故障，而他又恰好认识一人，此人已加入共享汽车服务并对此颇为满意。这些巧合令"汽车共享"这一纯粹理论性的可能，在人们的现实生活中根深蒂固；也为人们在生活模式及汽车使用方面的重要变革，构建了思考的出发点。

知识不是全部

尽管良好的解决方案与巧合的衔接同样至关重要，

我们可以了解风险，却无法预知它的后果。这就是气候变化问题目前的现状。

解决方案却总是偶然得之，起伏不定。唯有大量的反复实践，解决之道才得以融入文化，化为习惯。

为了让实践得以可持续进行，往往需要大量的修改调整。在成功进行后天性转变之前（例如变为环保型实践），有时也不得不重蹈无数次覆辙。一次成功的转变得益于众多盟友的贡献，故而市民齐心协力投身气候保护，其重要性可见一斑。

信息有助于觉悟的提升，但对于改变习惯，影响行为却远远不够：气候问题或许显而易见，但未必与人们的生活切实相关。

如何构建社会因素

占据公共空间

这些关于信息传播的思考被不同的舆论导向借鉴。虽然这些思考更偏向于信息传播的专业领域，但是，它们并不局限于专业机构和具体社会角色。它们也被非专业协会或组织借鉴，这些协会或组织试图占领社会舞台，对公众舆论的形成施加影响。

为在公共空间占据地位和位置而斗争的思想显得非常突出。这些斗争也没有放过气候变化成因这个主题。

它们争夺着最适合这一因素的媒体和主题的选择权。

　　这里也需要提及旨在制造事端的各种媒体操作。可以引用扬·阿尔蒂斯－贝特朗（Yann Arthus-Bertrand）的纪录片《家》为例，据说，它甚至影响了 2009 年 6 月欧洲选举的结果，见证了生态学家们的胜利。再以艾伯特·戈尔（Al Gore）的电影（《令人困扰的真相》）为例，它是世界上收视率最高的纪录片之一。同样情况，还应该提及 2007 年法国总统大选时，由尼古拉斯·胡洛（Nicolas Hulot）发起的生态条约运动。

　　上文的例子都证明了这些作者的意图，即参与和影响政策制度的日程。当然，相对于这些宣扬气候变化因素的行动，也有一些反例。例如，克里斯蒂安·葛隆多最新出版的（《生态学，最大的骗局》2007）或克洛德·阿莱格勒的作品（《地球的真相》2007）。

　　但是，这种叙事风格随着社会进步和气候话题的热议发生了转变：媒体上越来越少出现否认气候变化真相的声音，最新的大制作影片也证明了这种气候在变化的观点。《家》和《扰人的真相》曾见证了这种转变，而哥本哈根峰会召开前几周发行的电影，《愚蠢年代》（弗朗尼·阿姆斯特朗，2009）和《泰坦尼克号症候群》（尼古拉·于洛），继续见证这种转变，并且具有超前意识：现在所有人都知道该怎么做？如果什么都不做，会发生什么？

在公共空间里脱颖而出

要让问题存在，首先要吸引注意力，这里就要提及"公共知识储备"这一概念。

这一表达方式指社会成员分享的整体知识量：我们生活在同一个社会，即使我们没有意识到，实际上我们会很多的东西，比如我们会区分情况是正常还是危急。当某个信息使我们过去想当然的东西变得可疑时，我们会感到惊讶，该信息就更能引起我们的兴趣。惊讶过后，下一个步骤就是公共知识储量重组。因此必须将公众的注意力从其他关心的事情吸引到气候变化的各种信息上来，这些信息必须打破某些固有的思维，并提供新的思维方式，甚至是解决办法。

因此，充满矛盾的要求会限制信息产生的影响：既要通过打破日常生活中固有的观念，吸引公众注意力，又要通过新的信息来重建公众的"本体安全感"。这种感觉与信心不可分离，相信我们生存的世界某种程度上具有可预见性，因此，只要行动就可能得到预想的结果。

本体安全感

为了获得行动力，我们需要相对信任的氛围。信任相当于一种信赖的感觉：某种程度上，它不需要证据来证明，有助于形成本体安全感（也就是说，既有内在的自信，又有对自己所处社会地位的自信。）

这种本体安全感的改变伴随着不安全感，所以，传播诸如气候变化之类的话题时，既要全面介绍风险的存在，又要注意方式方法的可信赖性和前瞻性，进而重新构建行动中的信任感。如果缺乏预判或解决方案，突然而至的消息，会令接收者不知所措，进而产生反感的情绪。

此处可见媒体传播策略的局限性，这些策略仅仅局限于警告、威胁、恐惧等方式，所以，不能只传播坏消息，而是要将这些消息与积极的、没有那么绝望的前瞻性预判结合起来。

结合警示信息与行动建议

人们用"包裹"来描述媒体传播的各种策略，这些策略将警示信息与行动前景结合起来。这些包裹分为两种："付出代价的"包裹和"不需要付出代价的"包裹。

为了让公众舆论注意某个信息，就必须让信息跟公众对话，与人们的生活产生共鸣。

这种区别形成的基础是，根据不同的社会阶层，某些结合方式比其他方式获得更大的成功。因此，比起经济上或政治上的建议，对"坏"消息给予技术性回答，在我们的社会更具有可信度。这也证明了我们的文化具有多么物质的特征啊！而人们完全可以想象，在某些文化中，用宗教信仰解释"坏"消息，比从技术方面解释更加有效。

所以，信息与日常生活中有意义的事件之间的结合可以加强接受诸如气候变化的信息的效率。

例如，1988年美国尤其炎热而干燥的夏天就属于这种情况。这一气象灾害连同它引起的火灾前所未有地证明了关于气候变化的科学论文的内容。类似的情况，甚至可以进一步认为，2003年法国炎热的夏季也起到了相同的作用。警示作用就是通过这种科学研究与具体事件结合的方式得到了保证。

如果新的信息扰乱了主流的公共知识储备，它就需要通过一些独立于公众的事件来构成具有信赖性的氛围，进而重新建立本体安全感。的确，灾难是不可避免的，但是，它在科学研究中是早已经被验证的现象。

即使警示恰到好处，但是捕捉不同公众注意力的过程却是处于需要大力宣传的状态。注意！继续这种模式也会产生相反的结果。将气候变化与灾难事件系统地联系起来——暴风雨、热浪、森林火灾，在公众看来，这是虚幻的东西，公众眼里，灾难一直是上帝或大自然的考验，觉得与人类活动无关。经常在关于气候变化的纪录片中可以看到这种被分解的画面：这些画面给人无法对抗宿命的无力感，遏制了行动的念头。

这种观察解释了各种协会多元化的好处，既涉及气候干扰，也涉及人类活动，使人类参与到抵御气候变化的行动中，让这些行动深入到人们的日常生活中。

关于气候变化的"反叙述"

警示与具体的建议没有很好地结合所产生的负面影响，随着媒介关于气候变化讨论的深入得到了证明。警示情报没有对应的措施，无法安定人心。这种情况一旦出现，就会导致拒绝接受的情况出现，具体表现为谣言和"反叙述"。反对气候变化这种说法的攻势从来没有缺少过。它们得到了强大的利益集团的支持。然而，值得注意的是，面对利益集团的强大，相对于不久前，如今的媒体采取了比较客观的立场，并做出了必要的保留。

或多或少潜在的前景

即使通过为环境危机和气候变化提供行动建议来占据公众空间似乎是一种优势，但是，不是所有相关的话题都可以吸引公众的注意力。

因此，人们观察到，比起经济或政治手段，通过生物与技术相互补充的方式似乎更能有效地开拓行动的前景。

从生物或技术的前景来看，必须理解以下的建议，这些建议参考了温室效应循环生态系统管理的修改方案，也参考了旨在吸收温室气体、节省能源、生产能源的新技术。除了那些"经典的"选项，人们提出了更加大胆的建议，例如，在大气中散播可以捕捉二氧化碳的分子，或者使海洋中的二氧化碳处于稳定状态，进而隐藏二氧化碳，避免其挥发……

如何看待这些不同的选择？是否应该对它们等而视之？如何决定？通常情况下，对那些过于尖端的"解决办法"应该持怀疑态度，理由如下：这些解决办法需要耗费大量资金，高成本的特征显而易见，而且生态和社会属性却很难看到。这种智慧的结晶必然伴随着种种状况的考验，并获得科学方案的帮助。

解决方案的评估涉及所有学科和客体。当要建立"碳社会公众越关注气候变化问题，科学家给予的导向性建议就越能适应形势的需要。

市"的时候，情况亦如此，也就是说，建立一个交易市场，可以固定相当于一吨重量的碳的价值，可以在全球范围内调整碳的交易。这些不受欢迎的选项通过经济、社会、生态方面的评论被证明。对于一些人来说，它们是增长和冲刺的引擎，其他人则认为，这些措施力度不够，是不公平和无效率的。总之，它们得到了截然不同的接受程度。无论如何，合理的行动前景和令人不安的建议都是对既有问题的回答，如何将两者区分开来，关系到是否将把人类推向更加不确定和危险的道路上。

维持集体动员

在可实现与不可实现之间建立分界线是一个敏感的问题，它影响了社会对某个课题的接受程度——无论是否关于环境，因为它涉及新的社会规范的建立。

即使科学家对解决方案的研究是必须的，社会总动员，尤其是团体和组织的蓬勃发展，也是至关重要的。

这一观察结果导致必须要考虑气候变化政策的问题。而政策问题并不仅仅局限于政党，还包括工会，更广泛而言，包括所有涉及该领域的协会。

参与者的增加

值得注意的是，政策领域不只涉及环境协会，也涉及在关于气候变化一系列社会环境新规范的建立过程中扮演角色的所有人。因此，涉及自然资源消耗的所有消费部门都应该被调动起来，让他们的声音得到倾听，捍卫他们的生活方式。体育协会和设施的存在证明了这一点，比如，全国或地区性的汽车俱乐部。这些协会试图引导公众对气候变化和其具体课题的看法产生转向。这些角色或多或少参与了气候问题的构建和解决方案的制订。因为参与了解决方案的制订，它们对于新的社会规范的建立就会表现出支持的态度。

越来越多机构给予的压力构成了某一问题接受程度的指数。这也是为什么气候问题构建和接受的参与者增加对于其本身而言也是一个好的信号。它证明了问题具体框架下必要的活力，即接受一些规范和措施，比如：税收、市场、鼓励和惩罚。

即使这种社会性动员与气候因素的单一性不相符，它依然可以维持集体动员。只有加强国内和国际动员，大规模动员民众，是环境保护方面的非政府组织的目标，其行动围绕三个方面开展：传播信息、调动群众、施加压力。

才能维持对政府和经济领域的压力，进而获得具体的措施，以避免最糟情况的发生。

因此，在 2009 年哥本哈根峰会准备期间，各个阶层的（国内和国际）声音不断增加，以期给予政府领导施加更大的压力。对于气候变化的叙事非但没有多少技术性，反而更加具有悲剧性，在媒体上出现了"气候公平""气候告急""气候的最后通牒"等表述。新的媒体传播方式应运而生：媒体宣传、快闪、制造流量话题、请愿、公民的世界性学术报告会等。

非政府组织扮演着公民信息使者的角色。这些信息有利于公民的流动，流动本身又成为促进气候变化因素改善的必要条件。首先，这些信息有助于建立强大的关系网，迫使政府领导者倾听环境守护者的声音。其次，对决策者、选民代表、行政负责人或企业领导施加压力，以使他们更加重视提出的要求。

非政府组织的活动包括以下几个方面：接触政府部门的合作伙伴，参加中央政府的协商会议，与选民代表和各党派互通信息、进行辩论，与企业领导者会面。

在国际舞台上，某些非政府组织还参与一些国际协议的磋商。

2009 年哥本哈根峰会

在峰会召开之前几个月，非政府组织和其他参与者增加了示威游行和信息传播行动的频率，以期能够最大限度地调动和聚集关心气候变化因素的捍卫者，持续向各国领导人施加压力。

在"气候"问题协商方面，气候变化行动工作网（CAN）是与政府最主要的对话者，它聚集了全球 430 个环境保护方面的非政府组织。

拥有 160 个组织的联盟"气候正义，现在就要！"（CJN）认为，"如果我们不改变阻止我们实现可持续社会的新自由经济，我们就无法阻止气候的变化"。

一些流动性的例子如下。

9 月 19 日，在巴黎举行气候的最后通牒运动。

9 月 21 日，在联合国大会关于气候危机决定性一天的前夜，三百多人通过快闪来敦促尼古拉·萨科齐，提醒其职责所在。

10 月 16—18 日，哥本哈根社会运动国际会议。

10 月 24 日，巴黎，为了拯救气候，由"气候社会公平紧急"组织发起了六小时的活动（快闪、聚会、全体大会、工作坊、播放电影……）。

11月22日，巴黎，"气候最后通牒"主题音乐会。

11月28日—12月1日，世界经济贸易组织部长会议召开期间，发起示威游行活动。

11月29日，巴黎，"气候社会公平紧急"组织发起了示威游行。示威者一身白色，戴着棕榈叶、面具和透气管。手放在眼睛、嘴巴或耳朵上，象征公众代表在气候变化问题上不作为的现象。

12月7日，《联合国气候变化框架公约》第十五次缔约方会议开幕式。

12月8日，世界气候日。

12月12日，哥本哈根，国际示威游行。

12月14—16日，工会峰会，旨在促成工会与《联合国气候变化框架公约》第十五次缔约方会议有关方面进行对话。

12月16日，各国首脑抵达哥本哈根。

12月18日，《联合国气候变化框架公约》第十五次缔约方会议结束。

第4章
参与和责任

　　我们刚看到社会的气候危机认识不是先天获得的，这取决于不同当事者，拥有研究技能及知道具体结果的人们的动员。既然这种认识是存在的，而且这个问题也被提出了，那么就该做出相应的回答了！于是我们现在着手做出承诺：国际会议，区域能源气候计划的拟定及采用，以及公民们的日常行动。

在国际舞台上

　　在全世界所有有关环境问题的忧虑中，气候占据着越来越重要的位置。国际对于气候变化的认识方面最突出的成果就是于1992年，在里约地球峰会期间签订了《联合国气候变化框架公约》（共192个签约国）。这一认识早已酝酿许久。

首先是在 1979 年启动了世界气候方案，促成了 1985 年奥地利菲拉赫世界气候大会。随后于 1987 年，气候就作为了世界环境与发展委员会的建议之一。这个委员会因首创"可持续发展"这样的字眼而保持着名气。

政府间气候变化专门委员会

从 1988 年起，联合国就设置了一个政府间气候变化专门委员会来评估有关气候知识的现状。这个委员会不是一个研究组，而是专门来评估有关气候的科学信息、社会经济信息以及技术信息。政府间气候变化专门委员会发表的文章通常来说都被认为是经过科学界最广泛的一致认可。这些刊物组成了一本行动指南，同时影响社会有关气候的规范定义。

自从委员会的报告提及了气候变化早已开始这一事实，人们就很难继续怀疑其可信度，即使报告在其他的一些方面依然是含糊其辞，尤其是像温室气体的排放限额。

《联合国气候变化框架公约》

《联合国气候变化框架公约》意味着无数的国家和非政府组织都开始意识到在环境方面整个地球是相互依存的。

1992 年的里约地球峰会期间，154 个国家签署并通过了这份国际性条约，在条约中承诺致力于一个非强制性的目标，也就是减少温室气体的大气浓度，主要是在工业国家。这份公约在 1994 年生效。

这份公约的签订是对气候变化的一次真正的认可。这标志着全球意识的觉醒，并终将在国家、非政府机构和经济主体之间促成协商。

尽管总体上是不属于强制性的，这些国际性条约仍然是重大事件，因为将国际社会围绕着一个共同主题汇集起来需要克服许多困难。这些条约也是表达政治领导人对于全球挑战做出决定和对政治框架做出承诺的意愿。这些承诺的实现总是很艰难而且太过缓慢，尤其是对于一些诸如气候的棘手问题的承诺，涉及一些历史和文化背景差异很大，甚至是相互之间有冲突的国家时。

即使这些条约的具体落实有时候要经过漫长的等待，但是与联合国气候变化框架公约类似的国际性条约依旧是值得等待的：公约表现出了对问题的认识、分担责任的意识以及成员国之间合作的意愿。

《联合国气候变化框架公约》面临着双重挑战：达成有关气候的共识以及让成员国采取适合其情况的措施（成员国的情况根据其对于气候变化所承担的责任及生活水平而不同）。在环境谈判和国际法悠久的历史中，在里约做出的承诺是一次真正意义重大的行动。

有别于先前的法规,《联合国气候变化框架公约》的目标被确立为:稳定大气中温室气体的浓度,防止任何人类行动干扰气候系统。我们可以观察到这个承诺是以一种不会因为科学的发展而受到质疑的方式做出的。其中并没有规定数额,而是给出了一个定性目标:不让气候变糟。

这份承诺书在里约峰会后的两年,也就是1994年得以批准,不容置疑地为制定有关气候的国际政策创造了有利环境。

《京都议定书》

第一份协议之后紧接着就是1997年《京都议定书》的采纳,是国际合作中第二份重要协定。当温室气体被证实在高速生产,以及政府间气候变化委员会马上为环境变化表达立场的时候,这个协定问世了,距离《联合国气候变化框架公约》的生效已经过去了三年。

这样的背景有利于各国进一步协商缔约。《京都议定书》通过采取强制性的措施限制温室气体排放,标志国际社会应对气候变化问题进入了一个新阶段。这份协定致力于调节温室气体的排放,同时规定相较于1990年,温室气体集体排放量至少要减少5%。

在气候恶化方面，一个国家承担的责任越大，尤其因为它为了发展而牺牲环境，那么它越有责任确保气候调节政策付诸实践。

事实上，这一总体目标是所有国家的共同目标，发达国家都应被要求限额。《京都议定书》到了 2005 年才生效，就在俄罗斯批准条约之后，距离条约的采纳已经过去八年之久。这个期限之所以这么长是受到了某些国家的阻碍，其中就有美国。当日，有 181 个国家批准了《京都议定书》，只有美国是个例外。这些国家都承诺从彼时起至 2012 年，以 1990 年记录的排放量为参照，要减少温室气体的生产。当人们说欧洲承诺直到 2012 年减少 8% 的生产量，这就意味着这个 8% 是参照 1990 年达到的数值。

实际上，《京都议定书》的签订意味着各国在整体上根据不同的考量，来限定各自的排放量。这些考量包括生活水平和在气候变化方面所承担的责任。这可能会有利于在原则上给各国分担责任，责任最大的可能也是人们所能期待的做出最多承诺的国家。

然而，这一原则的实施还远远无法落实！由于缺少一个国际化的机构来给国家施加压力，因此是国家自己决定是否遵守承诺，一方面采取一些在发展方面自我限制的措施，另一方面要承担对于欠发达国家气候变化带来的金融花费。

遵守承诺的国家

气候调节国际政策付诸实际的困难之一，当然还有其他困难，就是在公众的想象中，减少温室气体排放意味着发展退步。和它们的公民一样，国家也倾向于将参与气候问题视为一种风险。这种风险导致了恐惧：恐惧衰退或恐惧一无所获。

为什么？

为了使国家们参与协商，就必须鼓励它们。

那么，什么能够鼓励国家采用一个有关气候的"高尚"的政策呢？可以通过一种表演技巧（比方说舆论和非政府组织可以接连施加压力）以及一些足够稳定的国际格局（奥巴马的当选及这件事对于地缘政治的影响，能够改变力量关系），或者说因为它们受到了采取这种立场能获得的预期收益的鼓励。

采取这样立场的国家可能希望因此在国际舞台上获得认可及权威。比方说，欧盟就采用了"好玩家"策略来获得更有利的国际地位。

欧盟中，德国在很长一段时间内在环境方面都扮演着象征性的角色。这个角色还是有利于共同体的政策制定，也在总体上有利于欧盟。这一象征性的承诺附带了一些实际成果，比方说共同体政策的拟定，也就是一些根据国家特性，适用于欧盟所有成员国的政策。

如何？

各成员国对欧盟政策拥有一定的诠释空间。有关气候的国家策略在国与国之间是不同的。在世界范围内，在《联合国气候变化框架公约》内，欧盟的高尚地位也收获了一些成果：它成为了一个政治解决方案的实验中心，这些方案有可能被运用于其他的国家。这个情况发生了两次，在有关温室气体减少配额的协商期间，一方面，它们最近被安排要更多地减少温室气体的排放；另一方面，在这一背景下，德国同意会比法国和葡萄牙付出更大的努力。对德国和法国的区别对待是来源于德国大量依靠诸如煤炭的化石燃料，而德国与葡萄牙区别对待是因为德国人民的生活水平较高。

更近的，欧盟注意到2012年，它将无法履行其减排承诺，欧盟对其27个成员国实行了温室气体市场的原则。在大体上，这些调整是在《联合国气候变化框架公约》的框架之外进行的。比方说欧洲委员会和欧洲议会。这种类型的一些谈判同样发生在一些政治和专业组织中以及一些非政府组织内部。

这些协商非常重要，它们为成员国开创了一个分担责任的先例，规定了成员国应该根据经济发展水平以及对气候失常的责任（主要污染国）而负担不同的比例。

温室气体市场：污染许可证？

创建温室气体市场，有时又被称作是污染许可证，引进了重质碳使用地区和国家与温室气体低产地区和国家之间进行交易的可能性。在《京都议定书》的框架下，货币交易仅限于发达国家。还有另一个选择，被称作清洁发展机制，使发达国家的资金可以流向发展中国家，只要是这些国家都参与了可持续发展计划。

对于拥护者（地球之友的巴西分部不排斥这个选择，而国际绿色和平组织则强烈反对），这样一个市场的设置能够确保《京都议定书》以及接下来一些协定的成功。而对于反对者则强调了这个市场的不利效应，只考虑到了围绕着温室气体交易带来的预计收益而不考虑可能产生的对发展和依赖性的影响。

一般来说，欧盟为履行义务采取的措施可能会给成员国带来压力。在签订一份《京都议定书》的展望中，大家都密切关注各种布局的可能性。

在 2009 年 12 月的哥本哈根峰会之前的谈判阶段经历了无数的挑战，其中就有国际性协商议程中的主题选择。比如，在那些涉及原则性问题的主题中（如何保障气候变化合理目标以及将发达国家与发展中国家置于对立面的发展合理目标之间的平衡？）和一些更实际的主题中（要完成这两个目标要采取什么政策及方法？）。

在这些可能会引发激烈辩论的主题中，包括对于服从温室气体排放限额国家的要求。

中国人均碳排放是每人每年 5.5 吨二氧化碳，相对于美国人每人每年 23.5 吨来说仍然是较低的，而一个欧洲人每人每年则排放 10.3 吨的二氧化碳，由于中国庞大的人口和密集的工业，国际社会依然担忧中国碳排放的趋势。

哪些能源？

欧盟似乎仍然想打"好学生"牌，通过宣称其准备好在发达国家的联盟中，达成至 2020 年减少 20% 的排量，甚至是 30%。

这个目标还包括了一个可再生能源的配额，后者也将引起激烈的讨论，因为围绕着某些可再生能源（比方说风能和绿色燃料）仍然存在着一些争议，更不用说有关核能的辩论（核能能否被看作是一种可再生能源？）。

一些受到争议的可再生能源

不去考虑讨论的细节，我们知道，风能对于自然的影响以及能量产生的不可持续性，因风能依托于风。这些缺点是风能发展受阻的主要原因。

反对发展绿色燃料的原因则是绿色汽油与食用农作物的竞争关系（减少生产可食用农作物的土地或大规模砍伐森林）。最近谷物价格的飞涨引发了饥荒暴乱，给这一论据增加了分量。

核能则拥有众多反对意见：开采的重大风险，废料的管理，铀的资源枯竭，军事和领土危机。此外，核能为环境带来的利益，尤其是在温室气体的减少方面，是有限的，尤其是考虑到诸多花费：建立核电站，铀元素的提取、运输、变化，以及废料的管理。

这些例子表现出寻找解决方案的困难性。有关气候变化的新政策有配备新的基础设施，也有人们无法预料其成果的一些投资。这是对于未来的一个赌注，是每个参与者都必须要冒的风险。

这样的一些决定体现出了一些敏感点，有可能会引发不同的社会团体，甚至是一个整体上的社会的分化，因此一定要谨慎小心。

如果人们已经能够相信世界范围内有不同的组织会负责这些方面，那么也同样不能忽视公共部门及私人部门可能对不同层面造成的影响（国家层面，或者甚至是一个业务领域）。

当然，对于这些主题的认知要经过公众的讨论，要让人们在精神层面上意识到气候变化的原因，使其成为当今世界应当首先关注的问题。

国家级和区域级的动员

结构化承诺的一个类似过程在国家层面和不同区域进行。由此展开了数次协商，协商工作是复杂的，在这个互动频繁的世界，以往的管理形式已经失去了效果。治理的概念在如今表现出一些变化，其中有多级化和多标量的普及，也就是一种将不同的当事者联系起来，同时能影响不同层面的普及。

实际上相较于传统的俄罗斯套娃模式，这是一个转折点，从总体转化成地方性。但是要注意，即使人们经常听说"良好的"治理，这个组织原则的普及并不会更大程度地确保公平和公正。

在我们看来，国际谈判虽然显得遥远而抽象，但它的成功取决于每个国家公民、组织、企业和媒体的整体动员。

治理并不意味着取消不同等级的行动。而是着手于一个辅从性原则，根据这一原则，每个等级都应该根据其职责和使命来承担一定量的责任，因此，每个等级都是自身行为的责任人。

与这个治理原则背道而驰的是地方政府对于上级政策的被动采纳。因此那些区域和地方政府对于国家在国际性会议中做出有关气候变化问题的承诺的实施负部分责任。

国家气候计划

依照在《京都议定书》中做出的承诺，一些像法国一样的国家承诺会在 2008 年至 2012 年将温室气体的排放量稳定在 1990 年的水平。在法国，这一目标则归结为每年减少 5400 万吨的二氧化碳排放。

追溯到 2004 年，国家气候计划，确定了法国所有部门的大方针。这个计划通知和动员所有的相关部门，给予它们欲望及方法来参与减少法国的碳量排放。在讨论这个计划的内容之前，必须就这份文件的精神说几句话。如果这个计划的语气是一种宣传和动员活动的语气，那这个计划只能被称作是一个意向声明，只有在这个计划被写入法律和法令中时才能体现出其强制性。

在回顾了制定气候方针的理由之后，政府确定了需要优先投资的领域。这些领域毫无意外就是：交通、住房、能源消耗、废料和农业。然后政府又确定了支持其政策的条文。涉及公共行动的两种手段：司法措施（法律、应用法令、规章制度……）以及一些鼓励性措施（运用经济型能源设备或者是有利于可再生能源发展的设备则可以减税，购买清洁能源汽车则可以享有税率奖励……）。不深入探究文件内容也不对此做出批评，我们要注意到，正是这些措施可能会促使法国信守《京都议定书》中所做出的承诺。然而，尽管这些承诺看起来如此多样，人们还是质疑它们能够减少二氧化碳制造的能力，并且对它们能够为处于后碳经济的社会带来变化的能力存疑。

走向后碳经济社会？

当碳市场被建立起来时，后碳经济的这一说法可能不是最合理的。不管怎样，这标志着围绕碳存储出现了一个新的挑战。对于这些碳存储的规范成为了目前经济与发展的主要挑战之一。现今，计划仍处于摸索阶段。

在后碳经济具有迷惑性的外表之下，其目的就是借助于一些产生少量温室气体的能源来维持生产和增长的现状。这就是那些不愿让习惯和生活模式发生任何改变，后碳经济意味着我们努力减少经济对碳的依赖，意味着建立一个乌托邦，或者意味着一个骗局。

并想要保护高质量环境的人梦寐以求的。

这是一种可能会令我们在成功基础上继往开来的经济形态，但是不会对消费和废料的生产产生不利。这些诸如"绿色增长""可持续增长"的表达完美地反映出了这种立场以及其中的矛盾。

更实际地看来，后碳经济（或者低碳经济）旨在减少对碳的依赖形式，通过提高生产效率（或是碳的效率）或者是通过投资除化石燃料以外的其他能源。碳效率与设备状态和科技水平直接挂钩，而且我们很容易发现发达国家的碳效率平均远远高于新兴工业国家，更别提发展中国家。

我们不禁自问在气候计划中的哪些激励性内容可能会改变法国的经济。即使这些措施能够刺激新型市场（供暖替代方式、绝热材料、电子或者低污染汽车），我们仍然会产生怀疑，它们是否会对国内的经济带来重大影响。

因此琢磨我们的领导人进行改变的方式是必须的，最终也要归结于对于气候计划实际行动力的考问。

为了看清这件事，应该要回到治理的概念上，根据这个理念每个等级都负责各自的部分。根据这一前景，气候计划就简单地依托于区域能源气候计划，这些计划表现出地方政府（区、省、市）的权限以及对应各地对于国家所做出的承诺的诠释。

这个结构并不总是有利于角色以及权限的分配，以及地方政府反对国家经常表现出不满，但是因为这些不满是出自国家角色过重的国家而不是国家角色不足的国家，因此很难明显看出。

在代表机制方面，必须从新的治理角度出发，让每个地区的人为自己做主。按照这种情况，气候计划只需要依靠地方能源气候计划，这属于地方政府的职能（大区、省、乡镇），与中央政府对地方政府参与其中的要求相一致。

这种结果并不总是适应角色和职能分配的要求。也反映出地方政府对中央政府颇有微词的原因。但是，这个原因时而表现为"中央管得过多"，时而表现为"中央管得不够"，因此，很难看清楚其中的关系。

区域能源气候计划

地方政府开始行动

一些大区、省、城市、市镇都被鼓励加入行动和反对气候变化。区域能源气候计划在法国仍然处于开始状态。这是地方政府采取的志愿活动（2008年有50来个，

2009年7月大约有150个，这体现了地方级政府的动员）。

这些地方政府被鼓动在区域能源气候计划的范围内，为国家批准的所有的正式承诺谱写乐章。这次鼓动与国家在国际舞台上做出的承诺形成对照，后者很少超越意向声明的阶段。这些话语说出来总是很好听，但是更紧急的是要付诸行动，比方说采用有关自然和土地能源的新报告。

因为为了达到减少5400万吨二氧化碳排量——法国所做出的承诺——这一目标，必须要随时行动起来。应当要将口头的文件付诸行动，也就是在实际上减少能源消耗。而在消费链的顶端，人们应当做好节能减排的准备。

动员地方政府

这就是区域能源气候计划的目标：实际动员一些地方政府（城市、省、大区）。由于它们会受到地方选举和行政的牵动，所以离人民群众更近。这就是为什么区域计划的设计和实施形成了一个环节，甚至是气候政策的一个关键环节。这一期待的形成过早了，因为地方政府的周旋余地特别因地方财政而受到限制。它们的效率体现在采纳一份时间表、一套方法论或者是一种政治风格以及制定某些优先权。

这意味着整个政策的可能性归根结底只有看地方权力机关的能力，是否能够联合尽可能多的领域。

对于新选择的承诺（比方说禁止汽车在市中心通行），在实际上会通过一些需要硬件支持（公共交通、共享单车和汽车……）的投资以及象征性载体（标语，能够通过地区所做出的努力将其辨认出来的正面形象）的投资。

地方政府动员群众加入温室气体减排计划从动员市镇及行政团队开始。当地权力机关可能不会信服，也许满足于依照法律达到最低限度，或者是截然相反，将自己定位成活跃社区，看作是气候变化中不可缺少的一个对话者。

强有力的政治动员显然是这些计划的主要成功因素：更大的意愿意味着拨给区域能源气候计划更多的预算，因此相较其他有所保留的区域来说能见度更高，影响力也更大。

像国家一样，这些地方政府有选择一种抑或是另一种风格的自由。对风格的选择对于采用的方法来说同样重要。因此，这些政府在气候上是否有话语权取决于它们是否努力联合当地社会的众多地区和领域。

人们必须支持环保计划，相信替代方案拥有适应的
手段。

不同类型的公共政策

我们需要选择具有明显政治影响的方法。如果公务机构和政客们试图通过组织信息会议或民意咨询会积极与选民打交道，这就是公共政策的民主化。

为了说明这一点，我们可以回想一下某项交通运输方面的民主政策，而且这项政策是一种专家政治论的政策。根据这种被广泛应用的专家政治论模式，一些公共政策的起草在政治家们与行政人员之间是非公开性的，同时来自各个压力集团的压力也不容小视。民主化方法的不同在于，它会通过自己的意愿使公民社会（例如市民协会或团体）参与到公共政策的协商和制定中。这种民主化方法，通过促进创造有关适合公民社会的环境，能够预见一些潜在的阻力，避免由比较专制的方式所产生的分裂。

这种新的政策制定框架，使决策制定变得更加精炼，同时在这个过程中也与不同的国家进行协商。尽管这一过程需要各个国家的同意，这也是一个民主化的过程，但是有一点不能搞错：各个权力职位的产生是服从于社会规则的，尽管在金字塔状的世界格局中权力职位是优于各种规则的。

减排政策和接受政策

在这种框架下所取得的成就根据现有的团队和公民社会的各个组织的不同而有很大的变化。人们所获取的动力以及成果取决于其职能以及政治文化积累的成果。因此，这种非等级制度的管理模式的普及会导致一种地域上的差异，甚至是社会的不平等。这不是这种模式的惩罚，而更像是一个警钟，提醒我们：应该注意地域之间的差异，对正确的举措多加考虑。

这种地域动力表明了公民社会的职能的重要性：社会动荡导致许多复杂因素的产生，甚至是冲突，但是这种动荡却出现在所有懒散的社会状态中。我们可以看公民们怎样参与到各项提案的形成过程中，以及它们的实施，以下是各个社会团体可以采取的几个承诺。

减排政策和适应政策

自政府间气候变化专门委员会公开宣布气候变化已经开始以来，我们采取了两种类型的政策：减少造成温室效应的气体排放的政策以及适应政策。前者针对于减少人类对环境的影响，致力于与引起气候变化的原因作斗争。后者针对于一些适应性的措施，致力于减少气候变化对社会造成的影响。在这一过程中，我们会注意到适应政策所不断取得的成果并不是十分鼓舞人心的，因为这表明了气候变化的不可避免的特征。

减排政策：反对污染项目与动机

这些政策中涉及一些投入，比如说在生态环境和城市规划中，为了减少供热系统或交通系统的消耗，或者是为了减少对原始供热能源的消耗，同时在中学、大学以及医院附近的餐厅就近种植农作物。

支持发展生态城区、生态行业的托儿所以及与当地企业一致的搬迁项目的托儿所，公共力量能够致力于建立一个有利于不同政策实施的发展环境，例如步行、自行车的使用、共享汽车、当地新鲜产品的消耗、资源回收、施堆肥等。

这些小的举动，可能它们的影响相对气候变化而言是十分不明显的，然而却体现了我们这个时代严重缺乏的一种敏感和警觉。其实最终，这里要体现的就是一种"警醒"的艺术。

适应政策：为危机做准备

适应政策的前景改变了我们在另一种气候威胁范围

内的方向：我们刚从一种潜在的甚至是假定的危险中走出来，却又走入一种真正的危机中，这是我们所不能避免的，只能做好准备。

随着有关气候变化的严重性的加剧，我们在不断采取、推进适应气候变化的政策的发展。这种适应性政策，体现了问题的紧迫，为更加稳定地区调整做准备，比如各种活动的转型、新的基础设施的规划，这些活动，甚至是人口的调整，即使没有明确表明这种可能性，也被囊括到这种范围内。

适应政策与公共健康领域中的预防政策是相似的，也就是说，这些政策的制定是用于限制成本以及某一疾病的受害者的人数，而不是让这个过程发生故障。

对不完美的世界进行监督

我们可以观察到，每种政策的动机根据每种政策的目标前景的不同而有所变化。如果说减排政策想要得到我们的维持，那么适应政策便是为了可能出现的最糟糕的情况做准备的。

如果说生态学言论总是表现出今不如昨的伤感，气候变化的威胁则记录着紧急情况和安全状态。因此，以保护地球的名义追求新的生活方式的信念也可能是来源不要低估群众抵抗的力量，只要为了集体的利益，它就会变成改变世界的手段。

于一种想要得到最好的生活的意愿，例如，土地保护可用于防止水灾的危险，人口保护用于防止传染病，这是生存的问题。

如果说"生活质量"是锦上添花的要求，是属于富人们关注的问题，那么气候恶化危急的现状已经威胁到我们所有人，并且有继续恶化的倾向。因为，多多关注我们的领导者是怎样发挥领导作用，这些领导人可能是私企或国企的负责人，以及地方集团的负责人，当他们遭受到一些没有预料到的损失和灾难时，他们一定要意识到需要赶快采取措施来避开他们现在所经历的。

不管局面是怎样的严重甚至让人绝望，我们都不能向命运低头。在我们环境的各个领域中所发明的各种措施和尝试都应该给我们勇气，并且我们可以利用它们来与屈从和贪婪作斗争。因为我不可能对这些情况一一列举，所以我只局限于我参与的活动中。

参与的个体

"气候志愿者"这一理念在不同层次的行动中是非常有代表性的，这些行动是我们所能接触到的（例如减少碳足迹，尝试着影响我们周围的人），作为公共观点（使这种声音尽可能大范围地被听到），作为公民（可以向我们的被选举者和领导人施加压力）。气候志愿者也展示了美德与勇气的典范，在应对气候变化方面愿意贡献自己的一份力量。

使我们的生活方式的不良影响透明化

诺伊多夫地区气候计划，于 2004 年春由斯特拉斯堡一个市区协会发布，是使保护环境意识化的尝试中的典型，因为自 1970 年以来，在德国，更多的是在法国，人们已经做出了多种多样的尝试。在这项计划创立之初，该行动致力于使人们具有对气候变化和温室效应的意识，这个街区有 40000 名居民。

这种意识的养成应该通过有规律地组织一些有节日气氛的或者有教育意义的活动来完成，这些活动对斯特拉斯堡的市民和居民都开放，并以此来控制气候变化的势头。

同时，还有关于监督该街区居民排放温室气体的法规，以及气候志愿者。

这种集体活动具有独特的社会意义。这个集体活动就是对温室气体排放的季节性控制，因为这项措施使我们能够在紧急情况下，对采取生态行动的意义进行反思。

因此这里便涉及要把我们的生活方式的不好影响变

得具体化、透明化，对于斯特拉斯堡人和当地的负责人都是如此。在这个过程中最好提醒一下大家，气候变化在当时的媒体中并没有和现在一样占有很重要的地位。

在三年的时间里，有三十几个家庭都同意控制消耗，计算其温室气体的排放量，这些内耗是分布在不同的板块的（住房、交通、废品和食物）。

确认，宣传，改变

为什么要采取这些措施呢？首先是要进行观察，其次将其变得透明化，最后再进行转变。这项措施，通过唤起人们的意识，得到不断的推进和调整。这项措施的目标是整治不良现象，并起到规范作用。需要对所有的事情、所有的资金进行观察：通过财会工具稳定预算，利用结余差额来调整物资供给。

寻找解决方式能够同化所有的运作、安排、机构和个体，而它们在阻碍或者促进这些转变的发生。

这项政策也体现了人们致力于建立主观化的过程，也就是说，每一个个体都作为一个主体、一个开创者来参加到这场计划中来。

这项行动主要立足于三个方向：限制温室气体的排放（尽管可能有困难）、保证有关气候的深度沟通、确保对当地负责人施加压力。这项政策会逐步引导着不断做出调整，可其中的某些调整可能只是一些小动作。

穿很多衣服这样便可以减少供暖，在多个房间里共享供暖、减少照明和夜间工作、装备节能电灯、停止使用电梯等都是一些小幅度的举措。

其他的调整，比如说安装节能锅炉、双层玻璃，但这似乎实现起来更加有难度。

其他的更加有雄心的措施很快与其他限制发生冲突，这些限制是社会架构和各机构根据我们的选择和生活而实行的：与身份有关的限制，就像房东与房客之间，以及房客与法律、法规或预算限制之间的限制。

无助感

通过分析"气候志愿者"们遇到的困难，可以得知他们需要为此付出不同程度的努力。这种分析体现了我们的住房、城市、基础结构、工作地点和娱乐活动与我们的整体经济状况不适宜。

暂且不多赘述这些气候志愿者们遇到的问题，我们仍然可以说减少温室气体排放的方法不可避免地会让人们体会到一种失望感。

不幸的是，大家总能产生这种情绪：实施计划时总会不可避免地产生这种无力感。只要我们不进行任何创新的举动，那么总的来说人们就不会有任何的反抗。但是随着这项计划的一直进行，我们作为主体和发起者尝试着提出问题，这时困难便产生了。

因此，一种权利行动的进行总会伴随着某种形式的无力感，这种无力感会催生一种无助感以及一种失落感，甚至是反抗的情绪。在诺伊多夫地区气候计划中，这种无力感与不断重复进行的小动作联系到一起，相比于气候原因来讲这些小动作的影响是非常小的。然而，如果群众缺乏社会认知，没有意识到我们现阶段发展的致命错误，自然而然会滋生这种情感。

这里便涉及一种很矛盾的局面：某些举措，在创建和实施时被看作是大动作，而且会因为缺乏社会认知而被认为是小动作。漠不关心，甚至是惩处会将它们的影响降至最小化，直到达到一种中和的状态。因此，无助感会因为缺乏社会认同感而加剧，气候志愿者也会有这种感觉。

与偏见作斗争

气候志愿者遇到的困难的研究来源于一些老旧经验的压力。气候志愿者在尽力调整某些消耗和习惯时所面无论是个人计划还是集体行动，成功的关键，在于是否克服了可能导致挫败感并最终放弃的那份无力感。

对的物质方面和情感方面的困难，总会受到其他人的阻碍，甚至是对他们所做出的努力的讽刺。

社会压力以多种方式存在着，从一时的玩笑话到挑衅性的话，还有着各种各样的惩罚形式……对这些形式的研究也构成了人类学和社会学的基础。

除此之外，还有对少数民族权利的捍卫，以及对环境和气候的保护，这一点使之能够体会到社会生活以及社会边缘生活的动力。这种体验的最主要的困难便在于各种形式的非难甚至是放逐。

社会消费思想的影响以及同我们的价值观和欲望作斗争，构成了对保护气候的阻碍之一。

尽管我们的社会似乎十分开放、民主（然而其中仍然有不同的文化，以及不同的矛盾性计划），但依然有一些不能违抗的界限。同时还有对其财产和消费的不在乎也是其中的一部分。各种各样的人性似乎都有一个共同想法——对财产的占有欲。甚至伴随着其他的经历越来越少——比如爱情、连带关系以及和平等，这种欲望变得更加强烈了。

简单生活还没有在我们的生活中赢得它的主要地位。消费和消耗与节制的生活相比，更具有吸引力。节制消费需求，尤其是服装方面的，有节制的饮食，骑自行车出行，现在仍然不是社会认知和区分的主流。

公司、企业和市场：经济主体

公司和企业在社会生活中做出了各种各样的活动，但这些所有的活动都与一种供需关系有关，即市场。正如那些为公众以及为媒体空间事业作斗争的媒介一样，各个企业致力于抢占市场份额。

各个国家、非政府组织、媒体以及区域团体会选择不同的方式来获取其想要的市场份额。

各个企业也是，根据它们的利益和商业策略，选择是否占有市场份额。

市场是经济主体的主要指南针，甚至对各个家庭也是。它有两个主要的方向。

我们可以说自从科学界能够以不同的方式进行沟通，自从消费者们发出他们对气候争论十分敏感的信号，经济主体就显得尤其重要，并且变得十分高效。尽管会有一种真实的无力感，经济部门会通过其能力推动其向前前进，以及采取新的举措，如果有利可图的话。

第二个方向没有那么乐观。如果说市场是一个指南针，那么关于市场的研究便是有关反抗气候变化的一个极好的指标。不幸的是，对市场的监察显示，市场还并价格说明一切。但是，它们无法说明所售商品的碳印记，也无法说明气候问题目前和未来造成的成本和损失。

没有纳入气候限制。其中最容易得到的消息便是有关各个事物的价格。然而现在我们可以清楚地看到，价格中还并没有纳入各个产品的二氧化碳消耗量。

本文巩固了生态实践所遭受的缺乏社会认知的理论。这样一系列的现象最终使我们对气候变化的道德尺度进行反思。

有关气候变化问题的道德尺度

一般来讲，我们所有的行动，由小到大，都会发挥价值：做什么才是好的或者不好的？我们能够自己控制或不能控制的是什么？这些行动将社会中所允许或禁止的事情搬上台面。

道德信仰和责任观念

马克思·韦伯，德国社会学界最有名的社会学家之一，他从人类选择的两种道德观的角度来看，分析和讨论了人类行动和政治事业的意义，这两个角度分别是：道德信仰和责任观念。前者是根据我们的喜好和趋向，后者是根据我们的理性和责任意识。

这两种形式的道德观互为补充，但它们所占的比例却是在不断变化的，但如果没有良知，就不能形成。历史促进了这些意识的形成，但是在这一刻到来时却不能为我们做决定。

气候变化以及其他的不同危机需要我们采取行动，需要理性与感性之间、道德信仰与责任观念之间的仲裁。并且后者已经在进行了：在各国之间制定调整原则、起草减排政策和适应政策等。

一般来说，在气候框架之下，我们致力于寻找可能削减温室效应的解决方案，以及对尝试缓和气候灾难的尝试，这个气候框架设立了不同的选择，在这些选择的背后是生活的利害。

就像我们已经提到过的，气候变化将会比其他方面对领土及人口产生更大的影响。气候变化将会使我们之中最脆弱的人变得更加脆弱，因此气候变化将会涉及很多问题，比如富国与穷国之间的团结、确保我们在这场危机中的责任感，而且在这场危机中，首当其冲的便是欠发达国家。

因此，这就是为什么"气候正义，就是现在！"环保组织这一工作网络会形成，并且这里汇集了160多个协会、组织、群体，并要求各工业化国家意识到它们对欠发达国家所应担负起的"气候债务"。

　　因此我们现在需要做出选择，一是可以同强国站在一边，二是自我意识到责任感并且承担相应的义务。但这种做法却不太可能取悦相关的国家，因为这些国家是世界上最强大的国家。

气候因素和其他社会因素一样，也是引起社会公正的问题。

第5章
抵抗宿命

作为结论，我想要谈一下在本书的写作过程中一直伴随着我的一些感受。

在本书的写作研究中，我非常高兴能够看到这份研究开辟了新的前景，或者通过一次谈话打开了新的视野，但我在这里想要谈及的却是一种失望的情绪，甚至有点沮丧，这些都是我在这个过程中经常感受到的。

这些情绪的瞬间总是与行动问题联系在一起。并且每当我尝试着设立我们的行动权利和其实现方式时，这些情绪便会浮现出来。我坚持要说这些感受，甚至证明它们比其他的喜悦时刻更重要，因为如果没有这些感受我可能都无法写出东西来，是因为这些情绪持久而且影响恶劣。

在面对我们发展的恶性循环时，除非天性乐观天真，否则几乎是不可能逃避这种无助的感觉，甚至是不幸的感觉。这种感觉对社会学家来讲并不陌生。总体上而言，对于这些复杂局面的研究使我们怀疑自己的意愿以及社会和人权的行动权。

最初，我们对于复杂局面的理解总是借助于意识到各个主体结构的相互依存，以及他们强大的无力感："不管怎样，我们什么都做不了……"

气候变化以这种复杂的状态为象征。社会学则将重心着眼于困难、社会转型的阻碍，以及更多的是人类问题的回复和解决方案上。社会学明确了这些背景。

社会学的这个特点对它本身而言并不是一件坏事。社会学意识到社会和历史的重要性，因为男性和女性都分别给予了回复：这些回复是属于各个主体的，并非只属于各位研究者和专家。

因此，社会学角度是否会成为行动的一个阻碍呢？如果是，我们停止进行对这种复杂性局面的思考；如果不是，我们认为局面的反转开始取得一些胜利，例如工作事故、女性的权利以及在公共场合禁止吸烟的规定。历史中的文化和社会改革体现了非常重要的一点：历史在艰难地前行，经历了前进或后退的阶段。

至于气候变化的问题，即使所有的一切都将我们推社会的变化是不可预见的，也不会一直顺利，我们行动的手段也同样复杂，任何情况下，都不能对泄气让步。

向悲观的宿命论（有大量的任务需要完成、持久的对抗意识、利害关系的芜杂、大量的机构和利益集团的努力……），我们仍然应该反抗它。这是我们作为个体、作为公民，履行公共言论的第一要务。

任凭这种无力感发展是我们所采取的最糟糕的态度，这种态度仅仅是由于服务于艰难的项目，但是它没有考虑社会个体——相关的女性和男性在转变意识与行动动机中所做出的努力。

绿色发展通识丛书·书目

GENERAL BOOKS OF GREEN DEVELOPMENT